皮革染色学
◆ 林河洲　着 ◆

推荐序

制革业界备受尊敬的林河洲老师在业界服务已四十年，以其专业技术服务，足迹遍及欧亚大陆数十国家。不只协助许多厂商，解决技术瓶颈，制做高品质的产品，更乐于以其经验与同业分享，作育无数英才。在退休之后，更是一本回馈社会的无私心态，将其一生的宝贵经验，整理成册陆续出版了《皮革鞣制工艺学》及《皮革涂饰工艺学》二书。

此二书的出版，在海峡两岸的制革业界，是一个极大的祝福。从这两本书中，可以了解皮革工艺的复杂性，因为所牵涉的学科领域之多，远非一般的纺织或传统工艺可比。自古以来，精通理论基础，又有实务经验的人，已经是凤毛鳞爪。而愿意无所保留的把一生的经验分享出来的，在华人之中应该是前无古人，后无来者了。

林老师与永光的创办人陈定吉先生相识相知四十余年，永光发展皮革染料的过程，也得到林老师的协助。如今一年销售约二千吨皮革染料到全世界，甚至卖到义大利、德国等皮革工艺领先国家，品质达到世界级的水准。

当今制革业面临的最大挑战，当属环保问题。高品质的染料不仅可以提高皮革的价值，更能节省涂饰工艺上颜料膏及树脂使用量的成本；而高吸尽率的染料，更能降低废水的处理成本。开发兼具染色特性与环保需求的染料，是永光责无旁贷的责任。

欣闻林老师即将出版第三本专书《皮革染色学》，特别兴奋。一则因永光为染料专业研发生产公司，对于染色的专业书籍有特别的情感；更因为皮革经过染色处理后，将赋予皮革丰富及流行的生命力。林老师告诉我们，染色之于皮革，就如化妆之于女性。好的染料搭配高超的工艺，能够使美女更美，也能使丑女变美。

今逢林老师将心血出版付梓，在此愿共襄盛举，投文推荐。更期盼不久的将来，第四本、第五本专书也能陆续顺利出版。

台湾永光化学工业（股）公司

董事长 陳建信

2010年8月

推荐序

人生如果要快乐，世界必须是彩色。自从2008年林老师出版了《皮革鞣制工艺学》，造福了制革界新进的成员，如今又为我们制革界的世界创造了彩色世界。因为长久以来染色是一门难以摸索的门道，如今有林老师拿出他40多年的压箱宝，更精辟的为我们的皮革浓妆淡抹，使我们不必要在黑暗中探索，真是值得一读的佳作。

本人除了受林老师眷爱，先惠予拜读，藉此机会替台湾制革界的同业，谢谢林老师无私的奉献。

德昌皮革制品股份有限公司

董事长 白志祥

If you want to have a happy life, your world must be colorful. New employees of leather industry have greatly benefited from the book named Leather Technology written by Mr. Lin since it was published in 2008. Now Mr. Lin created a colorful world in the world of leather industry once again. As we know well Dyeing has been a difficult job for a long time, but now Mr. Lin offer us his experience of more than 40 years as a tribute, and make up our leather in an incisive way, which helps us to avoid searching in the darkness. It's really a masterpiece which is worth reading.

I'm honored to read Mr. Lin's book in advance, and I would take this opportunity to thank Mr. Lin on behalf of Taiwan Leather Industry for his selfless devotion.

TEHCHANG LEATHER PRODUCTS CO., LTD

Chairman **Richard Pai**

推荐序

部分的染料制造商或销售商，常未提供完整的染料物性分析资料给皮革厂，所以皮革厂常处于资讯不够充分的情况，此时若只就色光来选择染料，就有可能有所失误了；常言道：工欲善其事，必先利其器；所以对染色技术人员来说，必须先充分了解所欲挑选的染料的物性，是非常重要的关键课题;本书对此有极为详细的说明，对于染色技术人员，是否能顺利达成客户所需要的品质，提供了极其重要的理论基础；另外，本书对于实际染色的工作经验，亦多所提及，尤其是「TROUBLE SHOOTING」，对问题的解决方向，更是有直接的帮助。

台湾的牛面皮制革厂，每年制造许多防水皮／油腊皮／或具防水功能的油腊皮的鞋革，许多产品都是苯染的皮，对于染色工艺的品质要求，更是严谨，希望老师能另立专章，甚至出专书，来帮助现有牛面皮制革厂，能在品质上更精进，更突破。

中楠企业股份有限公司

中惠皮业股份有限公司

总经理 胡崇賢

序 文

工业上，诸如纺织、造纸、塑胶类、铝业、皮革等的染色工程师不仅要对色有敏感性，而且也必需知道如何调色、套色、纠正色调的色光等等，但是皮革的染色工程师更需要知道鞣制的工艺及鞣制过程中所使用各种化料对染料及染色的影响。因为同种类的动物间，虽说是同种类而且纤维也同属蛋白纤维，但可能因成长的过程和环境等种种因素，形成纤维结构不尽相同，另外因鞣制工艺及使用的化料等也不一定相同，因而常会导致，虽然使用相同的染料，但可能染成不近相似的色相。基于这种因素，个人乐于将在纺织界及皮革界时的染色经验和各位前辈及年轻的工程师们共同研讨，如何正确地执行皮革的染色工艺及如何排除染色时可能产生的种种困扰。

同时希望这本《皮革染色学》配合本人之前所编写《皮革鞣制工艺学》的第19章及第20章，能使各位染色工程师对染色各方面的理念及执行操作上有所帮助，并谢谢你能来电纠正内文的错误及讨论工艺上的疑点。

本人的邮电信箱：billylin0316@yahoo.com.tw

Contents

推荐序 / i

序　文 / Ⅶ

第 1 章　皮革的染色工艺 / 1

第 2 章　染色前对染料的选择 / 7

第 3 章　不同鞣制的革类染色 / 11

第 4 章　鞣剂，单宁及栲胶对阴离子性染色的影响 / 17

第 5 章　复鞣剂对胚革接触高温时产生褪色或黄变的影响 / 21

第 6 章　三原色三角式结合的染色法 / 29

第 7 章　改善染色匀染性的方法和手段 / 31

第 8 章　加脂剂对染色产生败色的原因 / 35

第 9 章　染色助剂 / 37

第 10 章　染色的时间 / 43

第 11 章　影响皮革染色的要素 / 45

第 12 章　染色前的鞣制工艺导致影响染色的因素 / 53

第 13 章　导致染色的缺陷原因及矫正的方法 / 55

第 14 章　毛皮染色 / 57

第 15 章　总结论 / 77

参考文献 / 79

Contents

第 1 章

皮革的染色工艺
The dyeing technology of Leather

皮革经着色后不仅会改善革的外观使能适合流行的作风，更能提高革制品的价值感。革的色彩是采用天然或合成染料，或颜料，或两者都有，而使用于鞣制染色或涂饰的过程，例如大多数的鞋面革于鞣制过程时先染底色，而于涂饰的工艺中再以染料，或颜料，或两者都有，藉以纠正至正确的色调。反绒革则先染底色，再表染，直至达到正确的色调及色光。

常用的皮革染料
（The dyestuff for the leather dyeing）

作者本人所编着的《皮革鞣制工艺学》及《皮革涂饰工艺学》已详论使用于皮革的各种染料及颜料，故不再阐述，但本书要讨论的是「皮革染色学」，所以在此只重复略述常被使用于皮革染色的染料。

酸性染料（Acid Dyes）

正确的酸性染料来自它整个结构分子里酸性群对皮的亲合性，而作用类似普通的强酸，可分渗透性及表染性两类。所染的色调较直接性染料或金属络合性染料清晰和透明，适合染各种革类，包括栲胶革。许多结构不太复杂的酸性染料甚至对铬鞣皮有柔软的效果。

酸性染料和重金属离子，如铬（Cr）、铁（Fe）会形成色淀，但对碱土金属，如钙（Ca）、镁（Mg），不太敏感，所以如果水的硬度太高则会影响染色，必须于染色前先添加螯合剂（chelating agent），亦称金属封锁剂，或水的软化剂，如EDTA（乙二胺四醋酸，Ethylenediaminetetraacetic Acid）转动约20～30分后，再进行染色。

染色的温度低时，蓝色、墨绿色、深棕色等的耗尽率（Exhaustion）低，提高染色的温度（约70℃↑），则会提高这些染料的耗尽率。

金属络合性染料（Metal Complex Dyes）

染料分子内含有阳离子性的金属，一般为铬（Cr）、铜（Cu）、铁（Fe）、钴（Co）等，亦可称为「两性染料」（Amphoteric Dyes），可分为两类：

一、1：1金属络合性染料（1份金属原子：1份染料分子）

属强酸性，亦称匀染性染料（Levelling Dyes），染色的PH值为4.0±0.5。色淡，适用于染浅色。使用于「喷染」及「涂饰」等工艺，则色泽饱满而鲜艳，各种坚牢度皆佳。

二、1：2金属络合性染料（1份金属原子：2份染料分子）

可在中性，或酸性的条件下染色，即PH值为5.0±0.5，故亦称中性染料。染色后革的色泽饱满，遮盖良好，各种坚牢度皆佳。

直接性染料（Direct Dyes）

一般比酸性染料染得比较表面，而且色调较深，但是较钝，对酸非常敏感，匀染性亦差，故执行染色工艺时要特别注意。PH值越高，耗尽率越大于酸性染料，而且越不会吐色。

大多数的直接性染料因具有收敛性，常对革面形成有粗糙的手感，而且对栲胶革的亲合性也很低，故不适宜单独使用于染栲胶类的革。

直接性染料价廉，色浓，遮盖性佳，色钝不艳，但是持温染色（约50℃），则会有改善。

反应性染料（Reactive Dyes），亦称「活性染料」

一般染料和纤维的结合是利用离子性结合，亦即阴阳离子结合，所以染色后如果固定不好的话，易产生离子化，因而形成遇水则坚牢度差，如抗水滴性差，不耐水洗，不耐湿磨擦等，但反应性染料（活性染料）和纤维的结合属共价结合（Covalent Linked），所以对水及日光方面的坚牢度很高。

反应性染料（活性染料）依染色时所需要的温度分三种规格（一）高温80℃，（二）中温60℃及（三）低温40℃。使用于皮革染色的反应性染料（活性染料）分二种规格

一、毛裘染色适用中温60℃

二、一般革类则使用低温40℃

反应性染料（活性染料）染色的PH值约6左右，属中性染浴，必需使用盐调整PH值，不可使用碱类，如小苏打。染色后需先用碱漂洗，如小苏打，移除没和纤维形成共价结合的游离性染料分子，再用纯碱（Soda Ash）漂洗，紧接着使用流水洗即可。

反应性染料（活性染料）使用于毛裘，色泽鲜明，但使用于其它革类，色泽不见得鲜明，可能会钝，需事先测试。这种方法不适合使用于栲胶革，因栲胶革不耐碱，但却适用于耐水洗的醛鞣皮。

反应性染料（活性染料）使用于一般革类（粒面革或二层榔皮或剖层革）的染色法：

由于使用反应性染料（活性染料）染色需于染色后进行漂洗及流水洗，藉以移除未和皮纤维共价结合的游离性染料分子，所以中和，水洗后即需进行染色，染色前必须使用盐调整染浴（温度35～40℃）的PH至6.2±0.2，直接添加已稀释或粉状的染料，不需要添加其它的染色助剂，因反应性染料（活性染料）会自行渗透寻找可共价结合的纤维活性基，约40～60分钟后，添加小苏打（量约1%）转10～20分，排乾水，加300％水30℃及0.3～0.5％纯碱闷洗10分，流水洗至水清，排乾水，进水，调整PH，开始进行复鞣及加脂的工艺。

【注意】

反应性染料（活性染料）于染色后，需经小苏打及纯碱漂洗（形同固色），才能知道所染的色调是否正确？套色后还是要漂洗才能验色，很麻烦，如果必须使用这种染料染色，建议向客户提出异议，无法达到所要求的色调及色光和所提供的色版一致。

预还原的硫化染料（Pre-reduced Sulfur Dyes）

染色的条件完全和酸性染料一样，渗透性佳，抗水性，耐水洗性及耐磨擦性佳，但色谱不全，色泽不鲜艳，浓度低，革面达不到染深色的要求，故需要使用酸性染料或碱性染料于表面套染，藉以达到欲所期望色调的鲜亮及深度。

碱性染料（Basic Dyes）及阳离子性染料（Cationic Dyes）

碱性染料亦称盐基性染料，对硬水或水液呈碱性时，可能导致碱性染料的沉淀，所以溶解时，必先以约30%染料量的醋酸助溶，使碱性染料溶解成糊状后，（一）一边添加热水（60℃↓，因有些碱性染料会于60℃，或60℃↑被分解而变质），一边搅拌，直至完全溶解，或（二）碱性染料溶解成糊状后，添加水，一边加热，一边搅拌，直至完全溶解。

阳离子性染料可直接添加蚁酸（甲酸）助溶，再添加水（常温或60℃↓）搅拌，直至完全溶解。

碱性染料或阳离子性染料最适宜使用于「三明治染法（Sandwich Dyeing）」，藉以增加色调的深度，或革面的表染，藉以加强色调的遮盖力及艳丽，但渗透性及各种坚牢度都很差，尤其是磨擦牢度及日光坚牢度。

第 2 章

染色前对染料的选择
The Dyes Selection Before Dyeing

染色工程首先考虑的元素，当然是染料。大多数的染料皆以混合体（Blending Dyes）为主，单体性（Homogeneous）的染料很少，测试时可将少许的任一染料轻吹至「1号滤纸」即可明显的清楚染料是由几种染料混合而成，因为每一种染料有各自的耗尽率（Exhaustion），亲合性（Affinity），渗透性（Penetration）及对酸，碱和盐的敏感性（Sensitivity）和溶解度（Solubility）等等，更可能因每一混合染料的化学结构不相似，以至于无法达到完全性的混合，这就是所谓染料与染料彼此间的相容性（Compatibility），由此可知所选用的染料如果是多种染料混合，则染色后的色调较不稳定，亦即今日染出的色调，如果明天采取同方式再染，色调可能不尽相同，是故选择二种以上的染料混合染色时不仅要考虑所需要的色相，尚需考虑染料彼此间的相容性，溶解性，亲合性等等。

选择染料的亲合性必须注意染料彼此之间亲合数的差距，如属全铬鞣皮，以15以内的差距最好，而半铬鞣皮，即蓝皮以阴离子性的合成单宁或栲胶复鞣，则以7以内的差距最好，当然差距越小越好，染色后的色调、色相也越饱满及越真色相，例如红＋黄＝橘，但是如果红色的亲合数高于黄色的亲合数15或7，则可能呈橘红色，反之则呈黄橘色。另外套色或纠正色光时，必须同时也添加欲添加染料量约10%的主色料（底染时使用%最高的染料）及匀染剂。

万一供应的染料厂商无法供应每一各别染料如此详细的资料参考以便选择，即只能由供应的色版选择接近需要色调的染料，那该如何操作相混合的染料，才能得到混合后色调的稳定？依个人的经验，可以使用染料的溶解观念克服。

染料能被1公升的水温20℃及60℃所溶解的最大公克数称染料的「溶解度」（Solubility），以公克／公升20℃或60℃表示。染料因为大都属混合体较多，所以当选择染料时，各别染料的「溶解度」就必需考虑，否则无法达到所选用染料本身的饱满色（Intensity Hue）。由二个或三个或三个以上的染料或单体染料混合而成的染料，都会因混合元素（染料）各自拥有不同的溶解度，形成相容性不佳或互不相容，造成最后混合而成的染料「溶解度」低，不易溶解于水，甚至形成似泥球状而不溶解于水。解决「溶解度」的问题，当然可添加「芒硝（Glauber Salt）」，然而添加芒硝会降低染料的浓度，亦即色度（Shade）会变浅（淡），所以最好使用可当「匀染剂」的「表面活性剂」或「乳化剂」代替「芒硝」，不过因为有些混合性的染料，即使是单体的染料，也会添加些和阴离子相容的弱阳离子性助剂，藉以增加染色的吸附性、强度、鲜艳度等等（不过可能会影响染色工艺的渗透性），如果使用阴离子性的乳化剂，则可能减弱这些目的，是故需使用非离子性的乳化剂或表面活性剂。

使用具有「匀染」效果的「表面活性剂」或「乳化剂」的理由是由「表面活性剂」或乳化剂湿润每个染料分子的颗

粒，使每个已被湿润的颗粒分子，增加彼此间的接受性，最后融合，形成一个各不遗失原有特性的共同体亦即俗称的相容性（Compaibility），颗粒分子间的相容性和颗粒分子的溶解性度几乎可以说是成正比，另外有匀染效果的「表面活性剂」亦能有增加染料溶解后的分散效果。

如何使用具有「匀染」效果的「表面活性剂」或「乳化剂」？

步骤一：先将染料，无论是单体的，混合性的或二个以上的染料以1：1的水量搅拌成糊状的糊浆A。

步骤二：添加10％染料量具有「匀染」效果的「表面活性剂」或「乳化剂」于糊浆A内，搅拌均匀，再度形成糊浆B。如果为了染料渗透，可将糊浆B当作染料粉直接由鼓门加入转鼓内。

步骤三：用热水稀释糊浆（b）搅拌后，再由转轴口添加入染色转鼓。

步骤一、二及步骤三，不只能解决不同染料的不同「溶解度」，亦能同时解决染料和染料之间的「相容性」及「亲合性（Affinity）」相差太大的染料，混合搅拌一起染色时，产生吸附性不同的问题。

如果经上述三步骤后，染料仍然维持泥团状不能完全被溶解分散的话，则可能所选的染料中有1只，或2只，或2只以上的染料属于直接性染料，那麼一开始使用的水温则需采用40℃以上的热水搅拌及稀释，因为直接染料的颗粒分子较大，需用热水溶解。万一问题仍然存在，则步骤二需选用含有水溶性溶剂型的表面活性剂，并以高速搅拌机搅拌，即能使有溶解问题的单体染料或混合染料得到完全的溶解。

适合使用于小牛皮及全粒面革苯胺涂饰的染料必须接受很多的限制，不仅匀染性要好，而且各方面的坚牢度特性更要良好，另外不能有「吐色（Bleeding）」的现象及需要收敛性（Astringency）低，藉以减少革面不适当的收缩。

请注意！染色后不要添加太多的硫酸化油，尤其是硫酸化鱼油，因很多酸性染料会因添加硫酸化油脂剂而吐色（Bleeding），形同剥色（Stripping），但是直接性染料发生这种的情况较少。

染料的储存：染料容器一经打开取用染料后，必须紧盖容器，因为大部分的染料都含有芒硝，因而有吸湿性，当染料吸收水分后浓度就会产生变化，有的染料甚至于水分蒸发后会结成硬块，形成不易溶解。

第 3 章

不同鞣制的革类染色
The Dyeing for Different Tanned Leathers

皮的鞣制大多采用植物栲胶鞣制、铬鞣剂鞣制，或结合两者的鞣制及无铬鞣制（改性戊二醛＋聚丙烯酸树脂单宁＋合成单宁的鞣制法）。

植物栲胶鞣制的栲胶革，由于栲胶本身具有由棕褐色至棕色的天然色彩，而这些色彩也就是皮革的传统色彩，如果结合黑色，那麼这些色调就是皮革一直流行的主要色形。

铬鞣剂鞣制的铬鞣皮，具有的色彩由蓝灰色至绿灰色，一般称为蓝湿皮或蓝皮，但可被漂白成白皮，亦能使用染料染成各种色彩。

栲胶鞣制＋铬鞣剂复鞣：染色性佳。

铬鞣剂鞣制＋栲胶复鞣：染色性影响较大，色泽较钝。

无铬鞣制的白皮（略带黄）是由改性戊二醛，聚丙烯酸树脂单宁及合成单宁（或栲胶单宁）等混合鞣制，亦能使用改性戊二醛和铝鞣剂混合鞣制（称白湿皮），鞣制过程中如果使用甲醛缩合物（Formaldehyde Condensate）的化料太多，则可能会影响渗透性及匀染性。

蓝湿皮的染色（The Dyeing on Wet Blue）

一般的蓝湿皮常于染色前添加些合成单宁，或拷胶。或于染色时和染料同时添加，藉以促进酸性染料的透染，尔后添加水分及匀染剂，再以酸性染料，或直接性染料，或两者混用进行表面染色。

所添加的合成单宁，或拷胶除了能帮助渗透外，有时尚有匀染的效果，如果染浴的水分多的话，另外对粒面层还有填充的作用。这些助剂如添加于染色前，则依染浴的水分多寡而有渗透和匀染的作用，但是染色后色调浅（败色），如果添加于染色后，则革面的色值较高，即色调较添加于染色前深，而且稍为有固色的能力，不过需要特别注意匀染性。因为这些助剂可视为染色的缓染剂（Retarding Agent），而且对直接染料的缓染作用（Retarding Dyeing Effect）远超过于对酸性染料的作用，但是如果使用栲胶可能对缓染的效果较佳，不过会影响色度及色光。

磨砂革（如牛巴哥）或修面革必须经过鞣制，复鞣，染色，加脂后成为有色胚革后，再进行磨革（Buffing）的工艺，因而复鞣剂的使用量可能较一般面革的使用量多，尤其在粒面层处，这是为了有利于尔后的磨革。染色不仅要求粒面层的透染，而且更需要透过粒面层，亦即所谓的「全透染」，所以一般都于成为有色胚革前的染色，将复鞣剂和染料同时加入，这时染料的选择很重要，尤其是两种染料以上混合的色调，如何选择染料？请参阅《染色前对染料的选择》（The Dyes Selection Before Dyeing）。

一般的鞋面革，除了修面革（Corrected Grain）外，例如有些修闲鞋〔Casual Shoes也需要轻修面（Slightly Corrected grain）〕，染色时讲求的是非常均匀的色彩，而且要符合最后所要求的色调，并不是只染底色，尔后再由涂饰工艺的颜料调出最后的色调，类似修面革。复鞣时可使用较多的合成单宁剂和栲胶，藉以促进染色的渗透性及改善表面染色的匀染性，金属络合染料最适合染这些要求日光牢度的浅色鞋面革类。

反绒革的染色（The dyeing on suede leather）

皮经鞣制——中和——复鞣——加脂的过程后，于干燥期间会改变铬络合物（Chrome Complex）及使皮纤维直接接近染料的能力减弱，尤其是经由配位和铬络合物结合的纤维，是故直接性染料对反绒胚革回湿染色的渗透性比蓝湿皮的染色渗透容易。

反绒胚革于染色前需要经过「回湿（Wetting Back）」的工艺。「回湿」的温度约60±5℃，水浴约600～1000%的胚革重，添加的化料有氨水，或其它碱性化料，回湿剂（Wetting Agent），或乳化剂，或脱脂剂，化料的添加除了帮助胚革回潮外，尚可移除多余，或未被固定的油脂。「回湿」，流水洗后，即可进行染色的工艺。回湿染色的皮，基本上渗透较易，所以即使使用层次型的染色法（Steps Dyeing，类似三明治染法），想要使最后的色度加深，的确是很难，不容易。为了达到最后的色调能加深为目的的话，最好是于蓝湿皮的复鞣工艺执行透染，而回湿及回湿后，再执行表染，不过染色前所使用的化料必需采用酸，或其它阳离子性的助剂。

淡色彩的染色（Pastel Dyeing）

除了特殊的染料外，如灰色（Grey）、米色（Beige），一般的染料均不适合使用，因需要量小，从1／25～1.0%，染色后的色调可能让人感觉「空洞」或类似「贫血」状。

如果没有本来就是色度浅的染料，则需慎选染浅色时，日光坚牢度佳的染料，配合可迅速减少色度（败色），而且日光坚牢度亦佳的合成单宁剂，或碱式萘磺酸类（Alkali Salt of Napthalene Sulfonic Acid Type）一起使用，亦能达到非常类似直接使用淡色调染料的效果。金属络合性染料最适宜染淡色彩，因为它的日光坚牢度佳。

栲胶革【注】或重鞣革的染色（Vegtan or Heavy- retan Dyeing）

蓝湿皮使用纯栲胶含量达12%以上的复鞣称重鞣（Heavy-retan）。这类的皮因天然的色彩太重，所以需事先使用约水重的0.5%草酸和适重量的螯合剂（Chelating Agent），例如E.D.T.A.洗净，藉以去除铁锈污染的蓝黑色泽痕，再以碱性化料约1%进行漂洗（Stripping），PH不可超过6，酸化〔使用0.5～1.0%蚁（甲）酸〕，调整至PH值3.5↓，复鞣（最好使用阳离子型的树脂单宁），染色（阴离子性的染料），加脂，则色调深而艳。如果使用合成单宁复鞣则是为了使成革的色调浅而均匀。

如果重鞣革的本色不深，则于重鞣后直接使用阳离子型的树脂单宁复鞣，再使用阴离子性的染料染色，加脂，即可。

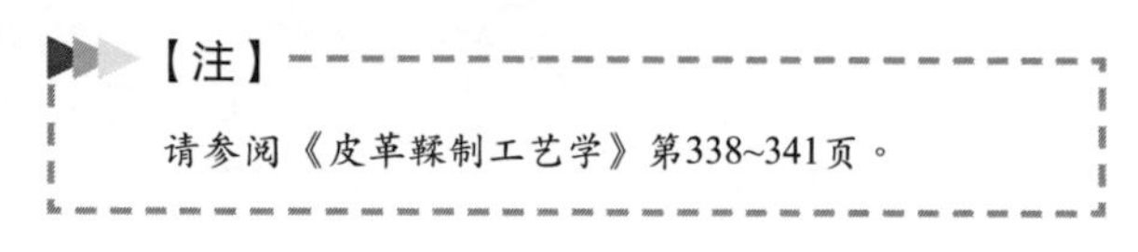
【注】
请参阅《皮革鞣制工艺学》第338~341页。

第4章

鞣剂，单宁及栲胶对阴离子性染色的影响

The Influence of Retannage & Veg-tan to Anionic Dyeing

《皮革鞣制工艺学》[注]已述及这方面对染色各方面的影响，但是需注意的是使用不同铬粉鞣制的蓝皮，或不同鼓的蓝皮，或蓝皮搭马（按马）的时间不同，混合、复鞣、染色，如此的话，使用同一种染料也会产生不同的色调及色差，故染色前须先测试，尤其是复鞣所使用的单宁，或栲胶，或两者混合对染色的色光也一定会产生偏差，但是如何预知及偏差的程度？依个人染色的经验，大约可由下例方式预知：

一、将所要使用的染料溶解，滴在「1号滤纸」上，扩散后最外圈的色相即为使用染料的色光A。

二、将复鞣所使用的单宁，或栲胶，或两者（如果二个都有使用），依比例和使用染料的比例，混合溶解，滴在「1号滤纸」上，经扩散后最外圈的色相，即约为染色后的色光B。

三、较A及B的色光差，即可知能使用单宇，或栲胶，或两者都有，使用于复鞣后，可能造成色光的偏差。

【注】

请参阅《皮革鞣制工艺学》第19章染色的概念313~329页。

我们也可使用此法，大略测试使用各种单宁剂，或栲胶对染色可能造成色光的偏差。

皮革市场一般对流行色彩的要求都是要有鲜艳而饱满的色彩，这方面如果采取全铬鞣的皮当然没问题，但是鞣制过程中常因为了达到某种目的，或避免某种瑕疵的产生，或客户的要求，以致于需要采用阴离子性的复鞣剂复鞣，或添加些树脂单宁，或其它助剂，例如蛋白填料等，基本上这些都是阴离子性的产品，常会导致革面对阴离子性染料的亲和力降低，形成增加阴离子染料的渗透性，例如使用合成单宁，或树脂单宁，或二者混合使用，最后的结果是革面色钝，清晰，败色，但色调及色光影响不大，不过如果使用栲胶，则因栲胶本身天然的颜色（如类似烟叶色的哈瓦那色，或浅至深的棕色，甚至有棕褐色）使染色后的结果是色钝、深，而且因栲胶本身天然的颜色对色调及色光的影响很大，故无法得到饱和的色彩（Intensive Hue）。

当然解决这方面的问题最好尽量使用不影响染色的复鞣剂或助剂，但是执行染色的工程师在不得已的状况下，也必需自已想办法解决，其实在这种半铬皮的条件下要想染出鲜艳而饱满的色彩，有下列各种可能处理的染色法：

一、选择对半铬鞣皮亲合性高的活性金属络合性染料（Reactive Metal Complex dyes）。

二、染色时先以酸性染料染底色，后加酸或阻染剂（Retarding Agent），再以碱性染料进行表染。

三、使用「三明治染色法（Sandwich Dyeing）」，有二种方法：

1. 先以酸性染料染底色，再用阳离子性的助剂处理，例如：铬粉＋少许的硫酸化鱼油，或铝鞣剂，或其它阳离子助剂，如单独使用蚁酸（甲酸）处理，阳离子的能力可能不够，最后再使用酸性染料表染。
2. 酸性染料（底染）＋酸（或阻染剂）＋碱性染料＋酸性染料（表染）。

四、阶层染色法（Dyeing in Steps），大约可分为三种方式：

1. 中和后染色，复鞣，加脂和表染同时进行。
2. 复鞣后染色，染浴酸化（加酸固定）后再表染，加脂。
3. 中和后染色，复鞣，加指，表染。

欧洲方面大多采用3，因加脂工艺完成后，油脂会均匀的分散于革面上，有助于染色的匀染性，不过最好不要使用硫酸化油。

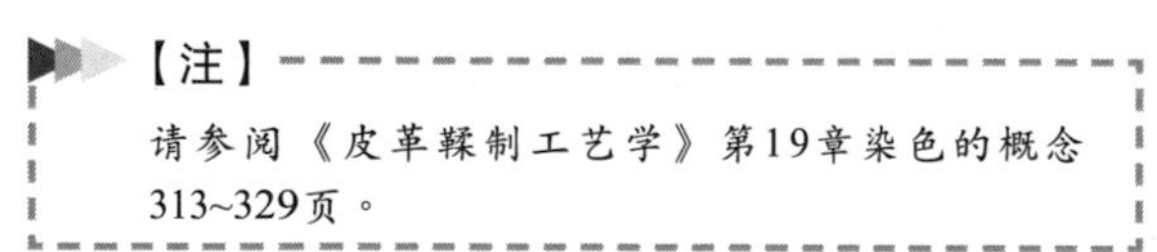
【注】
请参阅《皮革鞣制工艺学》第19章染色的概念 313~329页。

▶81页，附图1、图2
显示：复鞣制对染料的色调及色光的影响

第 5 章

复鞣剂对胚革接触高温时产生褪色或黄变的影响

The Influence of Retanning Materials on The Discoloration or Yellowing of Crust Leather When Exposed to Heat

虽然这一章所要讨论的主题和染色的工艺并没有很深的关联，但是对于染浅色或染接近蓝湿皮本色，或白色革却是非常重要。

有些革制品，例如汽车座垫革，制鞋，及其它革制品输出至气温较热的国家前，会于生产过程中对革的要求是需要有抗热的性能，这些的要求都是为了避免革制品接触高温时会产生黄变（白革）及褪色（浅色革），对于这种抗热的要求，似乎越来越有增加的趋势。

胚革的黄变及褪色有时也会于入库贮藏时因老化而产生。褪色或黄变一般会形成黄色，大多发生于腹部或摺痕的周围，甚至全部的革面。当然褪色的问题经常发生于操作的过程中，而革面有疤处染色干燥后仍然很容易被看到。因热而被分解的染料能很容易透过涂饰层升华（迁移）而消失。

显然地，产生黄变，或褪色，会大大地降低成革的价值，所以选择染料，复鞣剂，助剂等各方面必须谨慎，而且过程中的操作更要小心地配合所要求的条件。防腐剂，油脂剂，及复鞣剂都会影响黄变（白革）及褪色（浅色革），是故这一章所要讨论的是复鞣剂及助剂。

为了测试复鞣剂影响黄变（亦可视为浅色革的褪色）的现象，测试革的复鞣工艺如下【注】：

蓝湿皮削匀至1.2～1.4mm（公厘，或毫米），称重

回湿	300%	水 40℃	15分	排水
中和	150%	水 40℃		
	1%	蚁（甲）酸钙	60分	PH：4.3，排水， 流水洗（40℃），排水
复鞣	200%	水40℃		
		5%复鞣剂	120分	流水洗（冷水），吊干， 回潮，铲软

【注】

无加脂工艺，因为油脂剂也会影响。

测试采取70～120℃之间的温度，时间使用2小时至7天，色泽的变化是使用CIELAB测定光度的鉴定法，耐黄变指数（Yellowing Index）越高，表示越会变黄。

日光坚牢度的测试是采用IUF402的方法。另外为了避免因为皮纤维的结构不同而可能影响测试比较的结果，故测试的皮样都取自同一只牛。

测试的复鞣剂有下列几项：

图3-1　置换单宁及白单宁鞣剂

图3-2　栲胶单宁鞣剂

图3-3　树脂单宁鞣剂

图3-4　辅助单宁鞣剂

图3-5　聚合物单宁鞣剂

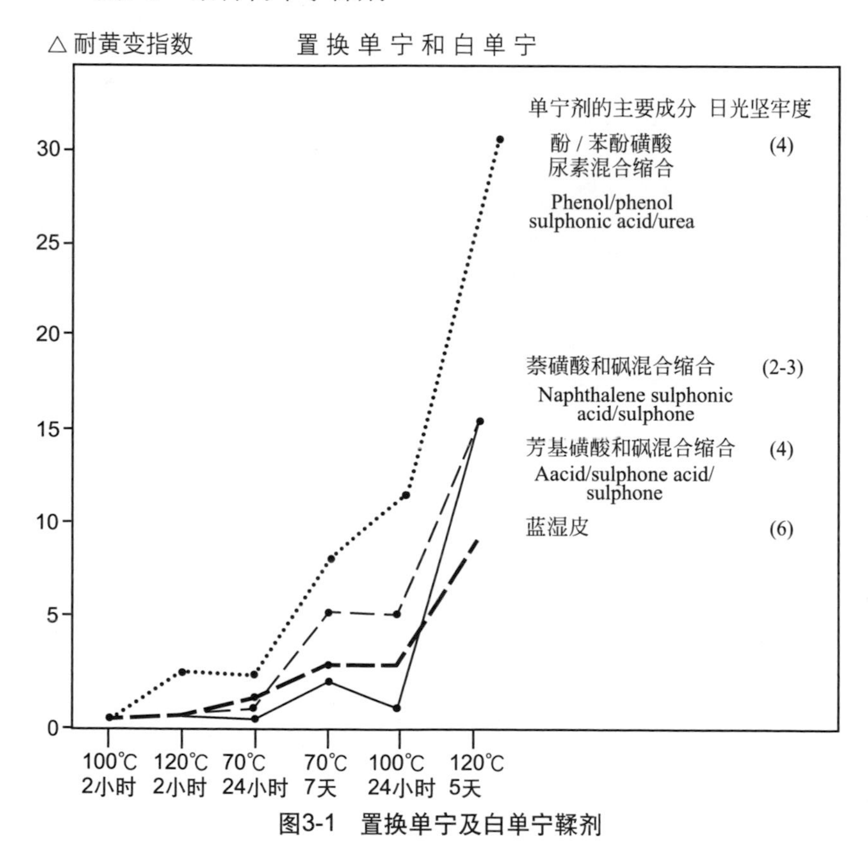

图3-1　置换单宁及白单宁鞣剂

图3-1的曲线显示和砜结合所产生胚革的耐黄变指数较佳，而且芳基磺酸的日光坚牢度也不错。不含砜的单宁剂，胚革的耐黄变指数较差，但日光坚牢度较佳。

这一类的产品无论在使用上或使用量方面，不仅被广泛的应用，而且使用量也是最多量，包括白单宁。

单宁剂的商场上有很多合成单宁用来对抗栲胶单宁，除了单宁本身所含的色调外，最主要的就是抗热性的对抗。

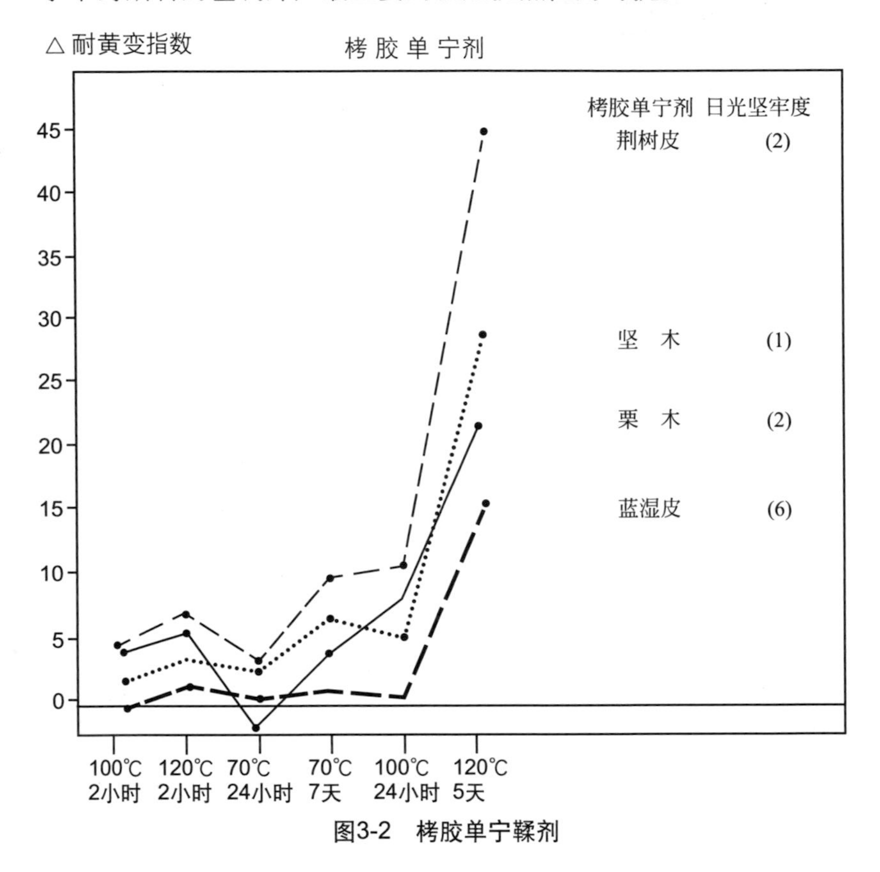

图3-2 栲胶单宁鞣剂

图3-2所测试的栲胶单宁是使用：甜化的栗木栲胶，亚硫酸化的坚木栲胶及荆树皮栲胶。此三种栲胶于温度升至约100℃期间，褪色性特别低，然而5天后用120℃时，耐黄变指数则升得相当大，由图3-2可知栗木栲胶比图3-1芳基磺酸／砜和萘磺酸／砜差，坚木栲胶可和酚／苯酚磺酸／尿素对抗，但是荆树皮栲胶的耐黄变（褪色）情况远比合成单宁差。

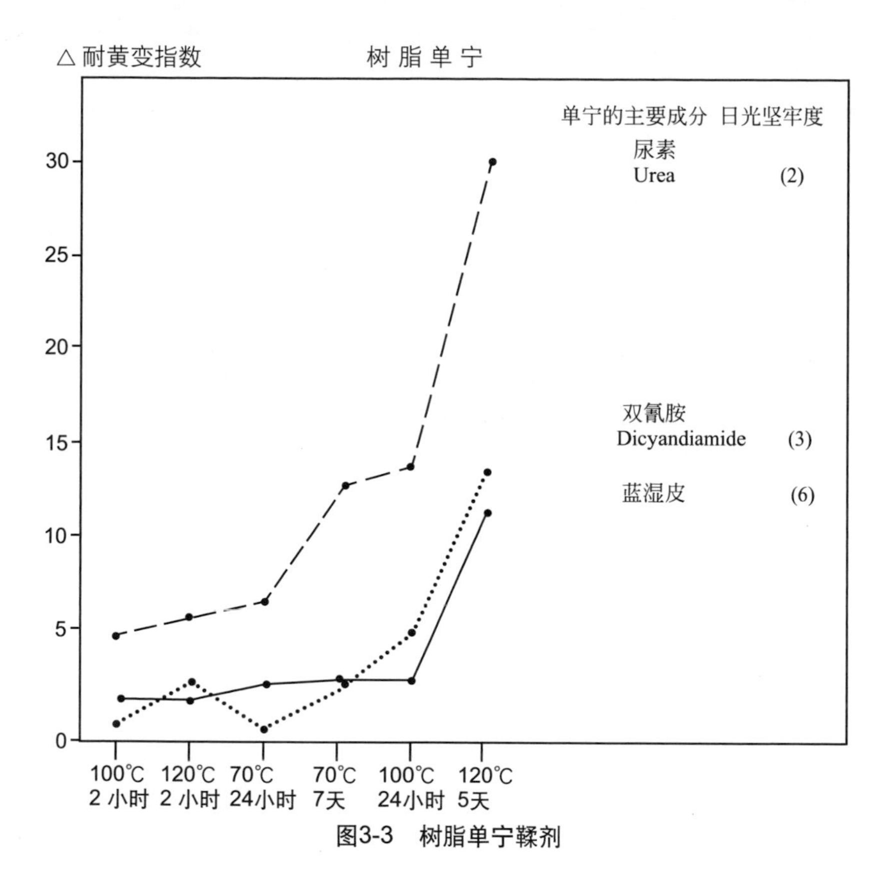

图3-3　树脂单宁鞣剂

树脂单宁主要是使用于填充皮纤维结构较松弛的范围，所以这类的产品在复鞣的工艺中仍然能够占有一席之地。

这次所测试的二种产品分别是（1）以双氰胺为主的缩合物，及（2）以尿素为主的缩合物。

图3-3显示产品虽属同类，但是因为化学结构的不同，导致耐黄变的指数也不同例如以双氰胺为主的缩合物和相应蓝湿皮的耐黄变指数并没有多大的改变，反而是以尿素为主的缩合物情况则相当差，即使在低温时也一样差。

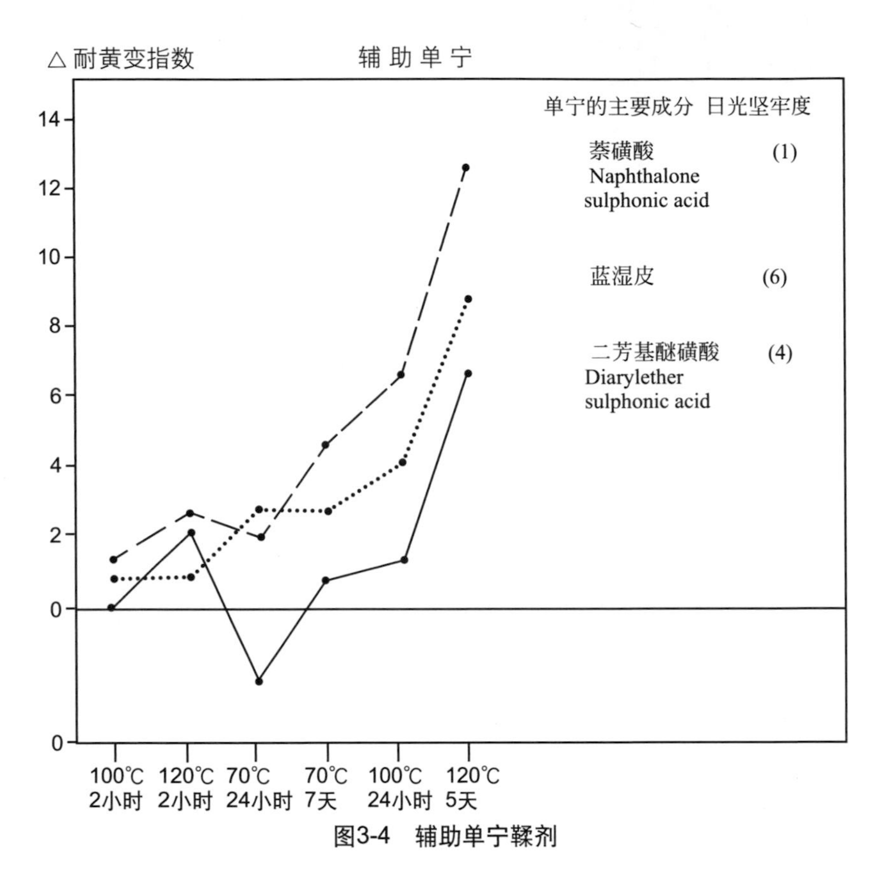

图3-4　辅助单宁鞣剂

图3-4这类的单宁剂本身没有鞣制的能力，特别使用于染色时当作匀染剂或渗透剂，栲胶单宁的分散剂及铬鞣皮的复鞣剂。

图3-4所测试的化料都属于缩合物，二者的日光坚牢度及抗热耐黄变的曲綫方向很类似（趋于平行），但是由二条曲线的表达显示二芳基醚磺酸缩合物的耐黄变及日光坚牢度极佳，而萘磺酸缩合物的耐黄变及日光坚牢度较差，不过耐黄变却比图3-3以尿素为主的树脂单宁佳。

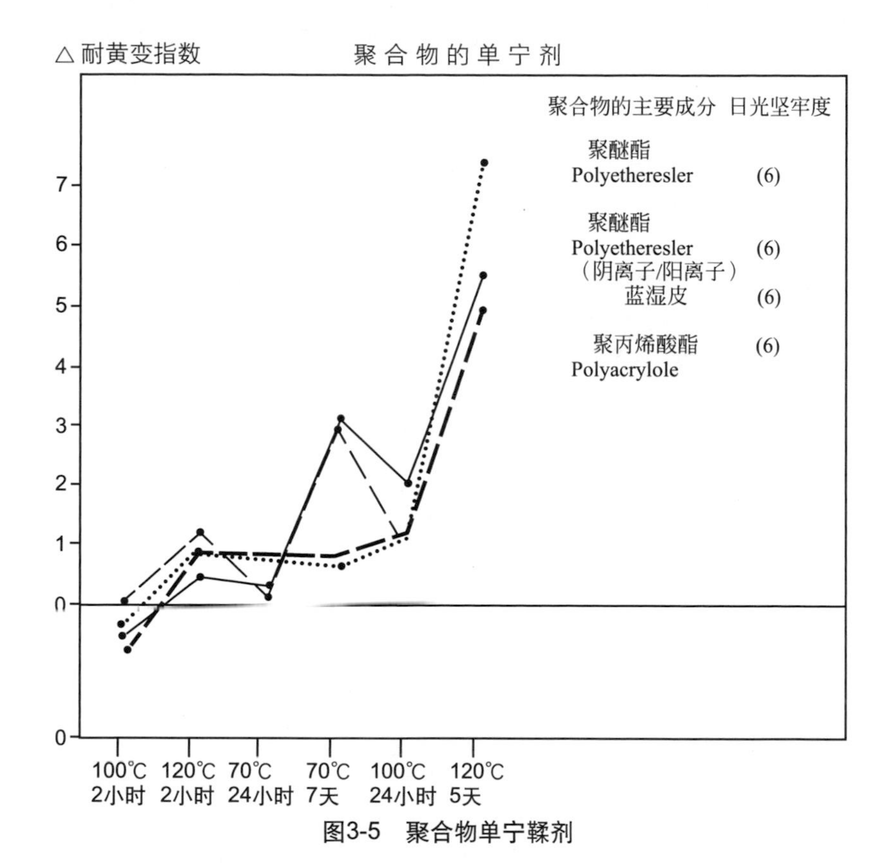

图3-5　聚合物单宁鞣剂

由图3-5可以知道，这类聚合物的单宁剂，无论是聚醚酯，或含阴离子及阳离子羣的聚醚酯，及改性的聚丙烯酸酯都有极佳的抗热性，耐黄变及日光坚牢度，所不同之处，只是彼此间的化学结构和聚咪成分的不同。

经由测试的结果证实，基本上，当胚革接触高温时复鞣剂都会导致胚革褪色和变黄，变化的程度则是依据复鞣剂的化学结构，但是有些复鞣剂却能改善蓝湿皮的耐黄变及褪色，例如图3-4的二芳基醚磺酸产品及图3-5聚丙烯酸酯。

第6章
三原色三角式结合的染色法
Trichromatic Combination

染色工程师，或对染色的配色有兴趣者，有空时最好能利用实验室内的不锈钢或玻璃的染色小转鼓自我训练染色。任选三种染料为一组，但必需符合：一、染料彼此间的亲合数对全铬鞣皮而言，相差不可超过15，对半铬鞣皮则不可超过7；二、三者之间必需具有很好的相容性。尔后再依图4，或图5／图6或图7的比例对同样鞣制及复鞣工艺的皮进行相混染色。

进行这种方式的自我训练，例如图4三者之间的比例是以20为渐增（减）则可染出21种不同的色调（包括本色），而图5／图6是以25为渐增（减），却只能染出15种色调，由此可知「渐增（减）」的数目越小，可染出的色调越多，如图7以10为渐增（减），最后则为66种色调。

二种染料混合染色比较容易臆测出染色后的色调，但是三种染料混合后的染色则不易想像最为可能染成的色调，不过经过这种三角相混配色方式的自我训练染色，却能有臆测三种染料以何种比例混合染色后大约能染出什麼色调的反应。

染色配色时需慎选相容性佳，亲合性相似的染料。配色时最好不要使用超过三种染料混合染色，因不稳定性太高。如果能利用三角染色法，由三种染料依不同比例相混染色，即可得到许多不同的色调，非常有利于配色，一来由三种染料就有许多不同的色调可供参考，二来只用三种染料，甚至二种染料即可能配出所需要的色调，而且非常稳定。

▶83页、84页，附图4、图5、图6、图7
显示：三种染料依三角形的方式进行相混配色的方法

第 7 章

改善染色匀染性的方法和手段
Ways and Means of Improving Levelness of Dyeing

当你进入贩卖革制品的商店内，例如皮鞋，手袋，服装或家俱（沙发）店，对染色革而言，相信你要求的不仅是色彩的深浅度或明暗度，尚需要有匀染的色彩。

染色的技术，染料的选择还有为了达到某个目的所添加的特殊助剂，这些都会影响染色的匀染性及染色坚牢度的特性，当然，鞣制，复鞣及加脂剂的改变也会影响。

导致染色不能匀染的原因，大约可归纳四项：

一、吸收率（The Absorption Rate）

二、被染物（皮）本身

三、使用的化料（染料，助剂）

四、技术上使用的影响

吸收率（The Absorption rate）

染色的匀染性对所有的革类而言，实质上是决定于皮纤维吸收染料的速率，吸收的速率太高或太低都会导致不能匀染。染料彼此间的吸收率相差太远，如果相混结合染色的话也不可能有匀染性。影响吸收率的因素如下：

一、PH值：PH值越高，吸收率越低。PH值越低，吸收率越高。

二、温度：革面的温度越提高，染料的吸收率越快，所以温度较低点比较能改善匀染性，什麼温度最适宜？必须参考染料供应商所提供的染料和温度之间的吸收曲綫图。

三、染浴：染浴水分少，染料浓度高，吸收率高。反之，水分少，染料浓度低，吸收率低。

中和剂（Neutralizing Agents）

铬鞣提高盐基度时必须注意PH值不可提太快，太高，否则会导致产生不溶性的铬络合物沉淀，形成铬斑点和色泽（蓝湿皮）不均匀的危险，但是如果将蚁（甲）酸盐或醋酸盐当作提碱剂使用，则这种危险性会有显着地减少，因会形成可溶性的铬络合物。如果将碳酸盐当作提碱剂则和铬形成络合物的稳定性低，因此不能有效的减少铬的正电荷。

假如将具有蒙囿和缓冲效果的化料，例如蚁（甲）酸盐或醋酸盐，使用于铬鞣皮的中和工艺中，将会使铬的正电荷减少，结果使阴离子性染料的吸收趋向较缓慢，也较均匀，但是超量使用，则将导致染料的吸收不均及影响尔后固色性差，最后的染色结果是“染色不匀”及日光坚牢度降低。当然我们可以选用适当的中和助剂，使染料的吸收缓慢，也能改善染料的匀染性。

添加的助剂（The addition of Auxliliaries）

一般可区分为二种：

1. **助剂针对皮纤维的亲和力**：使皮纤维对染料的吸附改变而延缓染料的上染。
2. **助剂针对染料的亲和力**：使染料发生聚集而延缓染料和皮的作用。

这二种以亲和力区分的助剂有阴离子性和阳离子性两类，当然阳离子性的助剂会增深色度。尚有一种助剂称为缓染剂（Retarder），顾名思义，它能使染料维持一段时间后，才被皮纤维吸收，亦即延缓吸收率。使用的方法是添加缓染剂10分钟后，再添加染料。由于它能延缓吸收，也意谓着能帮助染料渗透，所以控制缓染剂的使用量即能达到匀染或渗透的效果。

胚革（Crust）

铬鞣皮形成胚革后再染色也会影响染色的匀染性，因为干燥过程中，水分从铬络合物中蒸发时，蚁（甲）酸盐或醋酸盐即能渗入络合物，进而减少了铬的正电荷，所以阴离子性的染料也减少了马上被正电荷吸收的倾向，亦即吸收趋于缓慢，促进匀染性的增加。

为了能染出有高度匀染效果的染色革，染色工程人员不仅对所要使用的染料特性需要有正确的认知，如此才能有效的发挥染料的功能，而且也必须了解染色工艺要如何控制才能达到匀染的效果。

渗透（Penetration）

采用阴离子性染料染色时，如果染渗透是主要的目的之一，那麼首先必须选择使用渗透较佳的渗透型染料，亦即染料的分子小，亲合性低，易吐色（大多数的渗透型染料都有这种特性），但是如果选用预还原的硫化染料（Pre-reduced Sulfur Dyes）[注]则不仅渗透容易，而且不会吐色，可惜色谱不全，不可使用于表染，因色度浅。

除了渗透型染料外，如何加强其它阴离子性染料的渗透性?

1. 染色鼓最好是「窄而高」。
2. 提高PH值。
3. 采用短浴法（水分少）。
4. 低温染色。
5. 增加染料量。
6. 染色前，使用较多些的阴离子性复鞣剂，或染料和阴离子性复鞣剂同时使用。
7. 延长染色的时间。
8. 水质太硬的话，则需使用「螯合剂」，即EDTA。

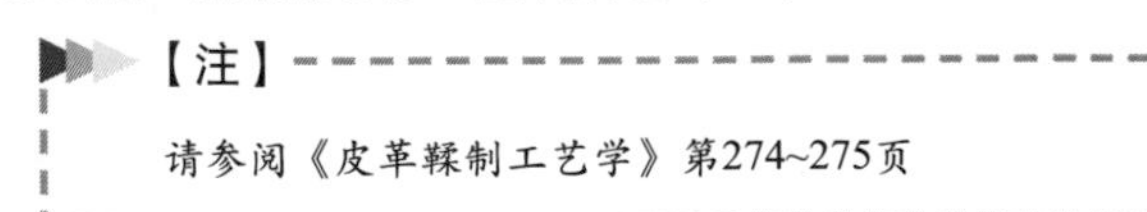

【注】

请参阅《皮革鞣制工艺学》第274~275页

第8章

加脂剂对染色产生败色的原因

加脂工艺时大多数都会考虑到油脂剂对皮的柔软性，手感性，抗张强度和尔后涂饰方面对接着力的影响，然而却很少考虑到油脂剂对染色匀染性的影响。

大多数的油脂剂都含有数量相当多，而且能从已着色的皮纤维上剥离染料的乳化剂。实际上，以化学结构而言，染料含有磺酸群，油脂剂同样含有磺酸群，同样的磺酸群会对皮纤维同一反应基的结合，产生相互对抗，由于已着色的纤维尚未被固定，结果可能大部份的染料会被从纤维上剥离至染浴，一旦经酸化固定后，这些被剥离的游离染料便会和游离的油脂结合而沉淀于粒面上，造成染色不均匀，是故选用油脂剂时也必须考虑到这方面。

有些阳离子性的油脂剂也有败色的现象，相同的，如果染色后使用阴离子复鞣也有败色的现象。

第 9 章

染色助剂
Dyeing auxiliaries

为了提高染色的均匀程度和坚牢度，常常在染色时添加某些助剂，目前除了添加能影响有关染色pH值的酸，碱、盐类等助剂外，其余就是使用有匀染或固色作用的助剂。

匀染剂（Levelling Agent）

理想的匀染剂需和染料或加入染料之前使用，而且要有足够的量，如此才能将可使用的反应基达到饱和而获得匀染的效果。通常匀染剂在染浅色的色调时，使用量较多，反之在染深色色调的过程中却丝毫不需任何的使用量。匀染剂除了上章所述及的二种外，如以化性区分的话，亦可分成二种如下：

一、合成单宁剂

1. 萘合成单宁——比较表面
2. 酚合成单宁——比较渗透

二、界面活性剂

1. 非离子性界面活性剂
2. 阳离子性界面活性剂
3. 两性界面活性剂

合成单宁剂的败色性（色度变浅）比较强，而基本上除了阳离子性界面活性剂外，一般而言，界面活性剂的败色性比较弱，但是有些不影响，例如两性界面活性剂，有些反而加深色度，犹如阳离子性界面活性剂。

铬鞣皮染色前若使用植物鞣剂或合成鞣剂预处理过，皮纤维的等电点偏向酸性方面抑制了游离态的氨基，也可缓慢阴离子染料与皮结合的速度而达到均匀染色的目的。

如将硫酸化蓖麻油，软皮白油或阴离子型乳化剂和阴离子型染料同时加入转鼓，也具有很好的均染作用。

在染色过程中一般的阴离子助剂，也就是碱性染料的媒染剂，这是由于皮身吸收了阴离子助剂后，增加了游离态的羧基（COO^-）,而有利于碱性染料对皮纤维的固着。

固色（Fixation）

不符合实际要求的固色工艺，也会形成不均匀的色彩。固定不足的染料，大多数可能于干燥过程中随着水分的蒸发而升华

（亦称迁移Migration）消失，尤其是使用真空干燥法，水分越多的部份，固定不足的染料升华越多。染料升华（迁移）的试验，将染色革分二部份，一份用酸固定，另一份没固定，尔后用中间有空洞的塑胶（PVC）圆盘盖在染色的革面上后，将革干燥后，可以明显地看到没固定的染料会因升华而迁移至塑胶（PVC）圆盘盖住皮的部份至让水分可以蒸发出去的空洞边缘。

如果色调是由二种以上的染料混合配色，经固色后，可能某一或二种染料因固色不足，而升华，结果所遗留在染色革面上的染料，不仅不是所希望的色调，而且色彩也不均匀。因此如果能够小心的控制固色的工艺，例如于PH3.5～3.8之间延长固定的时间至少45分钟，即可改善固定的效果，当然添加阳离子性的染色助剂亦能有所改善。

固色剂（Fixing agent）

其作用与匀染剂相反，主要的目的是降低染料分子与皮纤维结合的水溶性助剂，并使已结合的染料能进一步的固定。

固定剂的使用，由于坚牢度的要求，使用阴离子性的染料染色后，除了用酸固定外，尚需使用固定剂加强，个人认为固定剂的使用有二种方式：

一、复鞣，染色，酸固定，排水，水洗，进水，调PH，加固定剂，排水，水洗，加脂，酸固定。

因有些染料，尤其是直接性染料，对酸【注】敏感，加脂后可能会吐色（bleeding）致使染浴有太多游离的染料分子，如果加脂后直接加酸及固定剂固定，则可能因游离的染料分子也被固定而沉淀于革面上，因而影响到乾、湿磨擦牢度，另外添加使用于固定作用的酸及固定剂的量，因部份已使用于固定游离的染料分子，致使要固定革面染料的能力减弱。

(1) 复鞣，染色，加脂，酸固定，排水，水洗，进水，调PH，加固定剂，排水。

使用固定剂的理由和上述一样，只是没浪费使用，但干、湿磨擦牢度没上述的佳。

【注】

测试染料对酸是否敏感，尤其是加脂剂内所含的酸：测试的染料水取自染色鼓未加脂及加酸的染料残液，将欲添加的加脂剂乳化液，添加等比例【注】的量于测试的染料残液，搅拌5分，静置，有染料沉淀，即染料对加脂剂内所含的酸有敏感性，同理，亦可滴硫酸（1：10），或亚硫酸钠（1：10）测试。

【注】

等比例：例如染色用200%的水,欲使用6%的加脂剂（1：10稀释），则稀释后的油脂乳液和总水浴的比例约25%（实约24.81%），故如取样100c.c.，则添加25c.c.的油脂乳液测试。

阳离子树脂的固定剂（Cationic Resinous Fixing Agent）

阴离子性的染料，染色后使用的固定剂除了酸及铝单宁外，尚有各式各样的商业产品，不过个人总觉得尚有一种阳离子性的树脂固定剂值得推笃，这类的产品大多属于双氰胺（Dicyandiamide），或三聚氰酰胺（密胺Melamine），或胍（Guanidine）的缩合物，对直接性染料，酸性染料及含金染料的固定性不错，尤其提高日光坚牢度方面更佳。

使用的方法是染色后添加1~5%的树脂固定剂（50±5℃的水冲稀）及些微的铬粉，藉以同时能增加日光坚牢度及防止革面产生不当的粗糙，转动约15～30分，排水，水洗，加脂，但加脂的份量需多些，因为树脂或多或少会使革有干燥感的效应。

阳离子助剂（Cationic dyeing auxiliary）

阳离子助剂通常用来加深较深色色调的染色，并且与阴离子染料反应，藉以改进染色后，染料的耐水性及耐汗坚牢度。阳离子助剂最好是使用于新的水浴，但在添加阳离子助剂前必须先用少许的蚁（甲）酸，调整适用于阳离子助剂的PH值。

进行深色色调染色时，阳离子助剂加入后需进行至少30分钟。但是祈望改进耐湿坚牢度（耐水、耐汗）时则必须和染色渗透所需的时间一样长，如此才有时间使阳离子助剂渗透并与所有的染料发生作用，不过必须注意的是经过这种方法处理后，经常会形成一种”折衷”的结果，即是虽然染料经过慎选后才使用，它们的湿摩擦牢度会有所提高，但是干摩擦牢度会降低，而且可能也会损及珠面于涂饰时和涂饰剂的黏着性。同样的，事先慎选阳离子助剂也是必须的，因为它可能会有脱鉻的效应而使成革得到相反的结果。

蚁酸（甲酸Formic acid）

染色后，若将大量的蚁酸（甲酸）一次很快的加入染浴内，则会使未结合的染料形成聚结物，同时也可能导致油脂剂的沈淀。三明治染色时，第二次染料添加时，如染浴很酸的时候加入，则会形成染料被强烈地固定在表面，而且珠面可能会出现龟裂。大量添加蚁（甲）酸是不必要的，正确的使用是必须事先稀释蚁（甲）酸，并且慢慢地加入，藉以防止染浴的PH值下降太快。在某些程度上，如果能选择对酸较不敏感的染料则匀染性更好。

过量的铵水也是不适当的，因为可能对铬鞣皮有脱鞣的倾向，而且皮感粗糙，并且可能会减少革的面积。

第10章

染色的时间 Timing for Dyeing

染色的时间基本上以染料被皮所吸尽（Exhaustion）为准。一般约需30～60分，若要求染得深透，或是在常温下染色则须适当地延长时间，但有些染料的着色率（Build-up Rate）低，不可能靠时间的延长来解决，则应考虑使用固色剂。

染色刚开始时，染料对皮纤维的着染性（Build-up）很高，经过一段时间后，着色性减缓，直至不再随时间的延长而增加，这时达到平衡状态，称染色平衡（The Equilibrium of Dyeing）。不同的温度染色，所达到平衡的时间及着色量也不同。不同的染料对不同性质的皮纤维染色时，达到平衡的时间及着色量也各不同。

除上述的影响因素外，染色后的加脂及水洗等操作，也十分重要，如加脂不匀，皮身吸油的深浅不一，也会使染色后色的浓淡程度不均匀，形成色花，另外如果水洗不良，皮身上残留色料较多，搭马后也会产生色花，尤其是以常温而液比小的染色皮，水洗不良更易引起色花。

第 11 章

影响皮革染色的要素
The Influential Factor on Dyeing

染浴所用水的比例
（The Liquor Ratio of Dyeing）

水是染料和欲染色皮胚的最佳媒介体，使用量的多寡，决定染色的目的，用量少，染浴的染料浓度高，以染渗透为目的。用量多，染浴的染料浓度低，则以表面染色为目标。水质的硬度不仅会影响染色的效果，例如同样的工艺，为何昨天能染出所要求的色调，而今天却不能？还会影响染色的匀染性（Levelling），色调（Color Shade），色光及色的饱满度等等。

水的硬度越高，电解质越多，亦即水中含有的矿物质（阳离子），钙、镁、铁等含量越多，矿物质会和染浴中阴离子性的染料结合而沉淀于革面（粒面或肉面）上，影响染料的渗透及革面对染料的吸附和匀染等等不利染色的工艺，所以常会造成染色的困扰。

改善水质的方法是使用水的「金属封锁剂」，亦称螯合剂（Chelating Agent），或称水的「软化剂」，例如「EDTA」【注】。

「EDTA」有3个钠离子及4个钠离子二种产品，但是一般都使用含3个钠离子的「EDTA」，当然也可以使用含4个钠离子的「EDTA」，不过必须注意使用量。以3个钠离子的「EDTA」使用为例：200～300％水60℃＋0.1～0.3％EDTA10～20分后，才开始进行染色的工艺，但是如为染渗透的工艺，则先执行染渗透的工艺，尔后再进添加EDTA及表染的工艺。

染液的液比大，有利于染料的溶解和分散，较易染均匀，但染料的浓度低，所染的色度偏淡，而且不易渗透。液比小时染料的浓度大，有利于渗透，可提高着色率。若添加适量的EDTA，可移除硬水染色的困扰，进一步提高染色的效果。

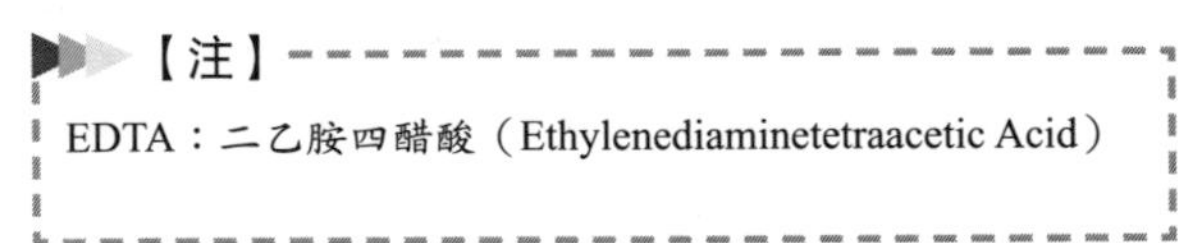
【注】
EDTA：二乙胺四醋酸（Ethylenediaminetetraacetic Acid）

温度（Temperature）

温度对毛裘革的染色很重要，染色时必须维持温度50～60℃，可能更高些，否则可能只有染着毛尖及毛根，这是因为毛尖虽同属角质纤维，但是接触的范围较大，故易着色，而毛根连接表皮层，于低温时亦能着色，只是毛梗方面虽然也是同属角质纤维，但必需在某种温度下，方能使纤维张开，接受染料，达到染色的目的。

直接染料如在恒温下（50～60℃）染色，可能有艳色的效果，否则色调钝而无光泽。

大家应知道，温度每升高1℃，各种化料及效应的反应速率大约可增20～30%，对皮革的染色而言，则是影射着染料的渗透性，扩散性[注1]及移色力[注2]亦会增加20～30%，当然**布朗運動**（Brownian Movement）的速度也加快了20～30%。

【注】

注1：扩散性（Diffusion）和分散性（Dispersion）的意义相类似，但我们可以将「扩散性」视作动词，而「分散性」视作名词。

注2：色移（Migration）：请参阅《皮革鞣制工艺学》第294~297页。

一般染色的温度来自二个因素，其一是所添加的水温，使皮温会由外向内而降低，除非有维持温度的设备，其二是染色鼓的转动，鼓内木桩挑皮，摔皮的动作导致皮因磨擦生热，而使皮温由外向内而升高。

染色时有了皮温，染料分子才不致于产生沉淀，形成污染色，更因为有了温度，便会有「布朗运动」，有了「布朗运动」，就会产生「色移」，有了「色移」的动作，就会有染色或渗透的效果，由此可知，如果想进行「冷染的工艺」时，亦即不使用「布朗运动」的染色理论，就必需选择20℃时染料的「溶解度」要高，而且在温度低的状态下，染料的扩散性仍然很好，这样才能达到「冷染」的效果。

表染时染浴温度的高低，取决于染料和皮身所能承受的温度而定，如碱性染料在高温下易被分解，而酸性染料，则较稳定。植物鞣革的耐温程度又不如铬鞣革。酸性或直接性染料染铬鞣革时温度可控制在50～65℃之间，栲胶皮40～45℃，半铬鞣皮50±5℃，碱性染料染植物鞣革时为40℃↓，否则易使粒（革）面形成不适当，或过分的粗糙，所举例的温度是指最好不要在此温度进行恒温染色。

总之温度和染色的关系可归纳如下：

一、提高鼓染液的温度，有利于染料分子的扩散和渗透，另外皮身对染料的吸收是随温度的升高而加快。

二、温度太高，染料迅速的被皮所吸收，进而影响染料在皮内的渗透，且易导致珠粒面的粗糙。降低染浴的温度虽然降低了染料的扩散能力，但是纤维对染料的吸收速度也减小了，故有利于渗透，温度越低，着色越慢，越均匀，渗透也越深。

盐（Natural Salt）

染色时添加盐并不影响染料的亲和力，但是如果添加量远超过一般染色所能承受的量，约5%↑的盐，则会增加阴离子染料对铬鞣皮的渗透力。

PH值（酸碱值）

众所皆知，PH值越高，染色越易渗透，PH值越低，则越染表面，但是PH值应控制到何值才是最理想，而且不会影响到皮的品质或特性？这方面必须参考及根据「点电点（I.E.P.）」，请参阅《皮革鞣制工艺学》219页。是故我们必需牢记每个鞣剂的「等电点」。例如胚革的「等电点」是5.7，经蒙囿的蓝湿皮是6.0，植物单宁是4.0，合成单宁是3.3，如果蓝湿皮经2%以上的植物单宁及合成单宁复鞣过，则中和后的PH值约为4.8±0.2〔大约的算法是（5.7+6.0+4.0+3.3）/4=4.75或4.8〕，那麽PH：4.8±0.2以上则为阴离子，比PH：4.8±0.2越高的PH值，则意谓着皮身的阴离子越多，染料易渗透，反之，比PH：4.8±0.2越低的PH值，则皮身的阳离子越多，染料越不易渗透，但易表染，不过必须慎防染花，不匀染，所以最好先添加匀染剂处理表面后再染色，此时切忌染料和匀染剂同时添加。

中和后的PH值和染色的透染或表染息息相关，但是可能因前工段的操作不良，或没采用阳离子复鞣，致使中和后的PH值无法达到所需要染诱的PH值，如果硬是添加过多的碱，而达到容易渗透的PH值，则可能影响皮的纤维，结果纤维太松弛，造成松面，尤其是牛皮，要是如此，建议中和后采取最高的PH值，例如4.8±0.2，则采用5.0±0.的方式，尔后进行透染时，可于阴离子复鞣时，粉状或稠浆状的染料和复鞣剂同时加入转鼓即可改善，但可能复鞣剂会多使用1～2%，藉以弥补提高中和PH值可能造成对皮纤维的损失，另外切忌进行透染时将树脂单宁和染料同时或之前加入染色鼓，因温度一提高，树脂单宁即进行聚合，如此会影响已渗入皮内染料分子的色移（扩散及渗透）。

使用酸性染料，含金染料或直接性染料染色时如果染浴而不是皮身需要调整PH值的话，最好使用不影响皮身PH值的醋酸及铵水，活性染料则使用盐。

染液的PH值不仅影响皮身带电的情况，也影响染料分散的程度及和皮纤维结合的速度。有关染浴PH的结论可归纳成下列二点：

1. 染液的PH值偏低时，酸的浓度较大，皮身带正电荷较多，阴离子染料与皮结合快，造成染料大量沈积于革面上，色度偏浓，如果使用直接性染料还可能会发生染料聚集的现象。为了有利于染料的渗透及使染色的速度减缓，一般于染色前都添加适量的氨水或小苏打或碳酸铵等碱性化料，藉以提高染浴的PH值使染色均匀。
2. 染浴的PH值偏高或太高时，染料渗透较深，染色后革面色度较淡，且染浴剩余的染料也较多，但在实际的生产中为了提高染料的利用率使染色后度深，色泽浓艳，常于染色后加入适量的有机酸（醋酸或蚁酸），当然最常被采用的是蚁（甲）酸，但视情况亦可先采用微量的硫酸，再使用有机酸以降低染浴的PH值而达到固色的目的。

染色的转鼓（Dyeing Drum），转速（转数/每1分钟）及划槽（Dyeing Paddle）

鼓面的尺寸和直径相同或差不多，使鼓形类似肥胖，不利于染渗透，但却适于表染，亦即不要求透染的鼓染革（Drum Dyeing Leather）。如果鼓面的尺寸是直径的2/3或1/2，鼓形呈瘦高状，则有利于透染，但越呈瘦高状者，则越不利于要求革面需很匀染的鼓染革，另外鼓内的木桩（Pegs）如果短，则如同隔板（Shalves），不易透染。Y型鼓则二者皆适合，其理由和家用的洗衣机类似，有二层，内层放置染色皮，外层和内层之间的空隙置放水及染料和化料，内层转动，外层不动，亦即所谓「皮动，水不动」，非常适合各种革类的染色。裘毛革的染色，需使用有温度控制设备的划槽。

转鼓的转速，一般大约是14～18转/分，大家都知道越快，渗透越佳，但是如果太快，温度升高也快，促使布朗运动提前进行，如此可能因渗入皮内的染料量不足，只能透染至某种程度，而无法达到全面性的透染，是故必需调整转鼓的转速，使于某种负荷重量下能慢慢地升温为最佳的速度，但是万一如果转速太快，却无法调慢转速的话，则需干进行透染前，首先降低内温，即鼓内皮的温度。

必须经常性的检查鼓内的木桩，或隔板，如因损坏或松弛而被忽视，则会使鞣制，染色，加脂，干燥后的成革成为次级品，而且也会造成损失。

机械作用的强弱取决于转鼓的转速及鼓内木桩的多寡和长短，如转速快，木桩多，则作用力强，反之则作用力弱。

一、机械作用是给染料分子一种外力，藉以促使染料分子的运度速度加快（布朗运动），以利于染料分子的渗透和结合而达到染色均匀、一致的目的。

二、为加强机械作用，染色的转鼓最好是窄而高（直径：宽度＝1.6～2：1）,转速则以14～18RPM（转／分）为宜。

染色鼓的清洗不当及负荷超载

之前染色调深的染色鼓，如果清洗不当，则当深浅色色调时，将常会被染花或污染，所以经常清洁染色鼓是必要的，尤其是苯胺革（Aniline leather）。

染色鼓如果负荷超载，则染色鼓的转动机械动作将减弱。皮于鼓内的运转力差的话，则必须延长转鼓的转动时间，如此才能使所添加的化学助剂或染料得到充分而适当的分散，否则可能导致染料的吸收（absorption）和耗尽（exhaustion）不够，结果不仅色度浅，浪费染料，而且色调也不均匀。

当然尚有其它的因素会影响染色，例如染色前所选的皮身无论是2张皮或一批皮，或一批与一批之间的颜色（蓝湿皮）应尽可能一致或相似，并且在外观上无任何前工段所形成的痕迹或花斑。

第 12 章

染色前的鞣制工艺导致影响染色的因素
The influential factor before dyeing

染色前可能引起色差和色花的因素有:

机械伤痕（Damaged by Machine Operation）

1. 片皮（Spliting）：有均匀条状的起伏伤处和偏薄部分色淡。
2. 削里（Shaving）：梯状条纹伤处色度偏浓，削过薄处也偏浓。
3. 磨皮（Buffing）：磨皮深浅不一致，方向不一致，染色后出现浓淡不均，且界分明。
4. 磨焦（Burnt by Buffing）：形成块状的浓色花，表面粗糙，一般易出现在臀部。
5. 脱毛未尽（Uncompleted Unhairing）：未将局部的小毛（或毛囊）除进，染后偏淡，或成白点。

鞣革过程处理不当（unsuitable treatment during tannage）

1. 染色前皮身的分级不当，旧皮和新皮之间的色差偏大，旧皮的色度偏浓，而新皮则偏淡。

2. 酵解酶软时酶软剂的侵蚀伤处，色偏浓。
3. 鞣制前对臀部处理不足，胶原纤维分散不够，形成表面吸收染料较多，造成染色后色度偏浓，反之颈，腹部染色后色度偏淡。如果每次的浸灰程度有差异的话，染色后也可能造成色差。
4. 脱脂不好，出现油花，染色后色度深而且有油腻感。
5. 铬鞣革的色花是铬鞣时提碱速度太快，不均匀，形成铬斑（过鞣部分），或铬鞣提碱后，停鼓时间太长，或因铬鞣前浸酸不均匀所出现的花纹等皆会形成色花，故须严格控制每批铬鞣革的颜色一致，铬液的盐基度，铬用量，出鼓时的PH值及温度。
6. 蓝湿皮削匀后，回湿不均匀，或不透，或蓝湿皮搭马时风乾的部分，则染色后色度偏淡。
7. 中和不当，PH值高者色度偏淡，PH值低者色度偏浓，中和时加碱太快，皮身各部分的PH值相差悬殊，染色后即有色花。
8. 复鞣时，所用的鞣剂不同，染色的效果也不一样。请参阅「鞣剂，单宁及栲胶对阴离子性染色的影响」。

第 13 章

染色的缺陷原因及矫正的方法
Trouble shooting in Dyeing

缺陷		原因		矫正的方法
染色不均，如云状	1.	水的硬度过大	1.	使用软水处理剂
	2.	铬盐的分布不均，因提碱的速度太快	2.	提高盐基度时添加的速度要慢，或使用有着蒙囿作用及填充作用的盐类提高盐基度
	3.	中和时，添加碱类时太快，中和不均	3.	分次添加已稀释的碱，并加强中和，否则易形成肉面过染
	4.	加染料或加酸过快	4.	分次加入染料或酸，以控制添加的速度
	5.	所用的染料不相容，尤其是深色	5.	检查染料的亲合数，尽量选用亲合数相近的染料
颜色深浅不均匀	1.	染色时，转鼓可能停转久	1.	尽可能避免，否则必须洗掉，重新再染
	2.	染浴的浴比太少	2.	增加浴比
肷腹部颜色特别深暗	1.	鞣制时，加碱不当	1.	使用具有蒙囿作用的碱。
	2.	染浴的浴比太少	2.	增加浴比
深暗的色斑		浸灰时，摩擦伤。皮垢斑和原皮腐败的部分		加强染色前，皮身等级的分选。
浅色的斑痕	1.	磨皮时，沾上油	1.	检查磨皮机
	2.	皮身沾上鞣剂（阴离子）	2.	染色前要充分的洗水
深色小斑点		染料溶解不完全		细心溶解，加强过滤
浅色小斑点		削匀时，所用的木屑，可能含有鞣剂		选用适宜的木屑，或使用滑石粉。
有染色的条纹		干燥不均		改进干燥的方法
褪　色	1.	染料不适合	1.	避免使用分子太小的染料
	2.	中和过度	2.	控制中和的pH值

缺陷	原因		矫正的方法	
颜色浅淡，不饱满，不鲜艳	1.	中和过度	1.	加强中和操作，不可过分
	2.	阴离子的鞣剂在珠面负载过多	2.	染色前使用阳离子助剂处理以调整珠面的电荷
	3.	脱脂不够	3.	加强脱脂的过程
	4.	铬鞣的蒙囿作用过强	4.	使用适量的蒙囿剂
染透但不耐磨	染料和皮身的亲合力太低		选用亲和性高且耐磨的染料	
表面着色	染料和皮身的亲合力太高		加强中和，借以调整皮身的亲合性	
古铜色光	1.	碱性染料用量太多	1.	减少用量，并注意染色前pH值的控制
	2.	加酸固定太快且酸值太低	2.	酸须事先用水稀释，而后须慢慢地添加，约15～20分添加一次
	3.	类黏蛋白来去除	3.	蓝湿皮经削匀、磨皮、水洗后，须再经有机酸及脱脂剂回湿
渗透不理想	1.	中和不适当，染浴水太多	1.	加强中和，使用短浴法
	2.	染浴水温太高	2.	降低水温
吐油	1.	染料选择不当或不适用	1.	慎选适用的染料
	2.	铬鞣的蒙囿作用过强	2.	使用适量的蒙囿剂
	3.	中和过度	3.	加强中和操作，不可过分
	4.	可能使用碱式加脂剂	4.	避免使用皂或碱式加脂剂

第 14 章

毛皮染色
Fur dyeing

传统式的毛皮染色法大概可分为三大步骤:

一、Killing——毁除

二、媒染的处理（Mordanting）

三、染色（Dyeing）

Killing——毁除

Killing的意思为「毁除」，因为毛皮要染色前只经过浸酸及鞣制[注1]的处理，而没有处理毛，毛的纤维结构是由角蛋白组成，含有双硫（-S-S）结构的丙氨酸（Cystine）及外层护毛的油膜，这些组成的物质都和染料没有亲和力，所以Killing的目的是毁除这些和染料没有亲和力的物质，及前处理未被去除的天然油层，使毛纤维能接受尔后添加的媒染剂和染料。

Killing是由碱性溶液配合表面活性剂（乳化剂或脱脂剂）组成，碱性化料有纯碱、小苏打、氨水、烧碱（苛性金钠）、磷酸二钠或三钠。

锋毛[注2]（强毛纤）或针毛[注3]（弱毛纤）端视毛纤对Killing（毁除）剂的反应。Killing时化学降解发生于针毛或强

Killing（毁除）很可能多于锋毛或弱Killing（毁除），因而处理弱毛纤或强毛纤及使用Killing浓度的决定是很重要。Killing（毁除）的溶液浓度从轻微的小苏打溶液（PH8）至适度地烧碱溶液（PH13）。

Killing（毁除）碱性溶液的功能是依据氢氧离子（OH）和溶液的浓度。溶液的温度和处理的沉浸时间也会影响Killing（毁除）的功能，时间越长，温度越高，则Killing（毁除）的作用越大。沉浸处理[注4]的典型Killing（毁除）溶液和温度如下：

1. 10~20公克/公升 纯碱 （PH11～11.3）
   25℃ $1^1/2$~2小时
2. 10~20 毫升 氨水（比重：0.925）（PH10.85～11.05）
   25℃ $1^1/2$~2小时
3. 2~5公克/公升 烧碱 （PH12.64～13.15）
   25℃ $1^1/2$~2小时

Killing（毁除）属碱性溶液，故于处理裘毛时可能会将鞣制时（梳理Dressing），没被固定的油脂剂及一些未被去除的天然油脂，乳化于碱性溶液内，如此的话，可能影响Killing（毁除）的作用能力，故需添加些表面活性剂（乳化剂或脱脂剂），藉以帮助Killing（毁除）移除这些油脂剂，天然油脂及被剥落的护毛油膜。

毛纤维的组织强度每一根和每一根，及不同部位都不尽相同，另外针毛（Guardhair）及绒毛（Underfur）之间的差异更甚，所以可能需要使用刷毛式的killing（毁除）法再次处理针毛，刷毛时使用同样的属碱性溶液，但是碱性溶液的浓度需要调整至

10倍于使用沉浸法碱性溶液的浓度，不过也可使裘毛回湿后，先使用刷毛处理，再用沉浸法处理。

【注】
【注1】毛皮的「鞣制」应称为Dressing（译音可写成「最锐馨」译意为「梳理」）
【注2】例如：水獭（毛）皮
【注3】例如：狐裘皮
【注4】沉浸处理：使用划槽

Killing（毁除）除了上述的碱性溶液处理法外，尚有氧化剂漂白法，及还原法：

一、氧化剂Killing（毁除）法

不仅能增加毛纤维的吸收能力，尚能将毛纤维漂白或减少毛纤维的色素强度，所以能够染比毛纤本色更浅的色彩。一般常被使用的氧化剂有：过氧化氢（双氧水 Hydrogen Peroxide），过硼酸盐（Perborates），及过硫酸盐（Persulphates）。使用的PH范围由4至10。使用的方法：1.沉浸法，或2.刷式法。最高使用量的安全浓度，沉浸法约1～3公克的过氧化氢，而刷式法则约12～15公克，否则可能导损伤裘毛和裘皮。

如果将氯化物当作Killing（毁除）剂使用，因自由的氯离子会损坏角蛋白纤维的角质层（Cuticle），导致裘毛的手感粗糙。使用亚氯酸钠（Sodium Chlorite）当作Killing（毁除）剂使用，尚有部份脱色的能力，比较优越于对毛纤损伤性少的二氧化氯（Chlorine Dioxide）。

二、还原killing（毁除）法

将亚硫酸盐（Sulphite），亚硫酸氢盐（Bisulphite），连二亚硫酸盐（Hydroulphite），或类似的化合物当作还原剂使用于Killing（毁除），就有可能获得有效的Killing（毁除）作用，它们会侵袭丙氨酸（Cystine）的连接环，致使角蛋白的分子结构位置错乱，进而促使毛纤更容易接受媒染剂和染料。还原性化合物常被使用于Killing（毁除）刷式法，尤其是硬毛（锋毛或针毛），不能使用于沉浸法（或划槽），因为还原剂会侵袭毛根（含有微量的硫），有脱毛（Shedding）或掉毛的危险。碱性的还原性化合物比中性或酸性的Killing（毁除）效果更有效。最常被使用的还原剂是焦亚硫酸钠（Sodium Metabisulphite）。

还原剂的使用量大约是10～15公克／公升。假如必须使用沉浸法（或划槽）的话，则必须使温度和操作的时间降到最低点。还原剂对白裘毛有轻微的漂白作用，故也可当作白裘毛皮的增白剂使用。

Killing（毁除）时无论使用碱性法，或氧化法，或还原法，最重的是它会决定裘毛革的品质，如果使用太强烈的Killing（毁除）处理，则可能对部份的毛纤维，甚至于全部的毛纤维造成不可挽回的损毁，例如毛被烧焦，或脱毛，或掉毛，基于这种原因，时常会在执行Killing（毁除）的工艺时添加些能保护角蛋白（Keratin）及胶原（Collagen）的助剂，最常被使用的助剂是甲醛（Formaldehyde），还有其它的蛋白化合物。

媒染的处理

裘毛使用金属盐于染色前的预处理是最古老的染色工艺，其目的是帮助染料液或多或少的于毛纤上形成色淀（Lakes）。现今最被常使用预处理的金属盐则是硫酸亚铁（Ferrous S0ulfate），重铬酸钾（Potassium Dichromate）或重铬酸钠（Sodium Dichromate）和铬酸盐（Chromate），但是如果将硫酸铜（Copper Sulfate），硫酸铬（Chromium Sulfate）或硫酸铝（Aluminiun Silfate）当作媒染剂使用则效果不大。对于黑色或其它深色的色调强度，亦即色的饱满度，使用铜盐当作媒染预应理剂比使用铁盐或铬盐的应理效果更强。

在多数的情况下，染同样色调的裘毛，染色前未经媒染剂预先处理过的裘毛所需要的染料量比已经媒染剂预先处理过的裘毛所需要的量多。经过媒染剂预先处理的染色裘毛能增加色泽的日光坚牢度、水洗牢度及贮藏牢度，另外不仅染料的使用量较未经媒染剂预先处理的少，而且色调的强（饱满）度也较强。

一、使用亚铁盐（Ferrous Salts）当作媒染的处理剂

所有的亚铁盐羣的产品，仅有硫酸亚铁（Ferrous Sulfate），或称绿矾（Copperas）能当作媒染剂（Mordant）。市场上为了方便常以液态状销售，但是液态的硫酸亚铁很容易因氧化而形成正铁的状态（Ferric State），或可能因水解而形成碱式盐，故当作媒染的处理剂时需添加足量的稳定剂（Stabilizers），藉以防

止处理时，由于裘毛的翻、搅动，接触了空气，因而产生氧化作用，稳定剂有氯化铵（Ammounium Chloride），酒石酸氢钾乳液（Cream Tartar），酒石酸氧锑钾（土酒石Tartar Emetic），酒石酸盐（Tartrate）及柠檬酸盐（Citrate）等。

影响媒染剂以亚铁盐为主的吸收因素

1. 裘毛吸收亚铁盐的数量是根据裘毛纤维的种类，而且可能毛尖及毛的数量不尽相同。毁除（Killing）强度不同，纤维的吸收量也不同。
2. 经媒染剂处理后的裘毛需要水洗。
3. 吸收量随PH而增加，直至沉淀点（约6.5）为止。
4. 媒染处理液的温度增加，吸收量随之增加。
5. 媒染处理的时间延长，吸收量随之增加。
6. 媒染处理时亚铁盐的浓度增加，毛纤维的吸收量也增加，但不是成正比。亚铁盐的浓度只能达到极限，约25±2公克/每公升的硫酸亚铁液。

二、使用重铬酸盐（Dichromate）当作媒染的处理剂

重铬酸钾（Potassium Dichromate）或重铬酸钠（Sodium Dichromate）皆能当作媒染剂使用，尤其是采用氧化染料染色，但是媒染剂不能使用三价铬，例如硫酸铬（Chrome Sulfate），因三价铬可当铬鞣剂鞣制裘革，而于媒染应理时易被裘革的裸皮（Fur Pelt）吸收，致使裘革的毛纤吸收量少，所以一般宁愿使用铬酸盐（Chromates）或重铬酸盐（Dichromate）。

媒染应理时使用重铬酸盐，如同使用亚铁盐，也必须添加稳定剂（Stabilizer），例如有机酸（Organic Acids），PH值可使用碱调整。当PH高于7时，重铬酸盐会被改变形成铬酸盐，所以可以直接使用铬酸盐藉以代替重铬酸盐和碱。典型的使用法，大约是每公升的水添加1公克的重铬酸盐和0.5公克的酒石酸氢钾乳液（Cream Tartar）。使用重铬酸盐处理后，添加染料，则可能产生氧化作用，而染料便和氧化产物形成色淀（Lake）。

下列的因素将决定能从媒染剂（重铬酸盐）吸收的铬量:

1. 经重铬酸盐处理后水洗，可洗去少许的重铬酸盐，藉以稳定铬和角质素（keratin）的结合，但是如果水洗后，采用脱水（Hydro-Extract）的方法更有效。
2. PH越酸值，铬的吸收效果越强，但吸收量有　定的限量。
3. 在一定的限量内，铬的吸收量和使用重铬酸盐的浓度成一定比例的吸收。由于吸收有一定的限量，故处理的时间并不是越久，吸收就越多，最长的处理时间大约是6小时。
4. 处理裘革期间所使用的温度对铬吸收的影响很小。

重铬酸盐虽然是属氧化剂，但是氧化的能力不足以使氧化染料完全地显色，所以经常需要添加过氧化氢（Hydrogen Peroxide）辅助其氧化发色的能力。添加过氧化氢是裘革经重铬酸盐处理一段短时间后，于一定的时间内分次添加所需要过氧化氢的量。

为了符合仅使用少量的重铬酸盐，即能对染料有令人满意的显色效果，也就是说染料能大量地沉淀及分散于毛纤上，而不渗透，尤其是厚或硬的毛纤，例如锋毛或针毛。假如媒染处理时的PH处于强酸范围内，即很容易产生铬酸，如此不仅导致氧化的作用会很快地发生使染料的颗粒变大，而且也会使角质素变成减少染料的渗透性，致使颗粒变大的染料不能渗透入毛纤，仅能染着毛纤外层的薄膜，如此形成针毛（Thicker Guard Hair）所染的色调深度不如绒毛（Underfur）的色调深度，导致最后的染色效果是不良的、欠熟练的染色（Poor Under-dyed）或呈现出铁锈似或褪了色似（Rusty）的染色结果。是故采用重铬酸盐的媒染处理时需处于弱酸或较中性的情况下，才不会产生铬酸，氧化作用的产生也会缓慢，如此染料形成颗粒前能够有充分的扩散能力及均匀地渗入毛纤，最后的染色结果是**遮蓋佳的染色**（Well-covered Dyeing）。

三、使用铜（Copper）当作媒染的处理剂

使用铜（Copper）当作媒染的处理剂有三个显着的特性：

1.和天然及合成染料倾向形成络合物（Complex Compounds）。

2.即使用量少，也非常有能力的加速化学反应，特别是氧化过程。

3.它本身的作用犹如「氧化剂（Oxidant）」。

实际上，铜媒染剂的作用效力如此强大是受限于使用染深色，尤其是黑色，因为裘革于鞣制的过程中，可能接触到铜液或其它湿态状金属等外来的金属，形成各种不同金属接触的痕迹，如果又以铜当作媒染的处理剂，易造成染色后有污染现象的效应，因而只受限于使用染深色。

使用苏木黑色（Logwood Black）染料染色时，铜盐是一种非常特殊的媒染处理剂，致于使用氧化染料染色的处理，大约是每公升的水添加3公克的硫酸铜及1.5毫升（mL）的醋酸（30%）。

下列的因素涉及至使用铜盐作媒染的处理：

1. 水洗后不会呈现出有减少媒染处理的效果，这表示铜和角质素的结合很稳定。
2. 使用铜盐当作媒染剂处理时最有利的PH值为4.8。
3. 处理裘革期间所使用的温度对铜盐的吸收没有影响。
4. 浓度超过每公升水含4公克硫酸铜的浓度，没有好处。
5. 当毛纤开始吸收铜盐时会吸收很快，一段时间后会呈现吸收慢慢地增加，直至达到限制的饱和量。

矾（明矾Alum）或硫酸铝（Aluminum Sulphate）可能也可当作媒染剂，但是很少被使用，虽说铝鞣时有些许被固定，但是由于很容易因为水洗而被从毛纤上洗掉除去，故在媒染处理的工艺常被忽略其效果。

经验上，媒染处理使用温度的范围是26～38℃，时间约3小时（重铬酸盐）至的48小时（亚铁盐）。PH的控制是极度的重要。

是故裘革的染色工程师需以他的染色工艺及裘革的种类，再慎选使用及控制媒染剂浓度，时间，温度及PH值。

媒染剂不仅可以帮助染料的显色，而且会影响最后色相（色调）的色光，例如使用同样的染料，如果媒染剂使用重铬酸盐，最后的色光可能是鲜艳的黄光，使用铜盐则可能是较暗的绿光，而使用亚铁盐则可能是钝的蓝光。由此可知，如果将媒染剂混合使用，由单一染料即可获得各种不同的色调，然而重铬酸盐和亚铁盐不能混合使用，因为亚铁盐会被氧化成铁盐。

染色或着色（Dyeing or Colouring）

虽然本人所编写的《皮革鞣制工艺学》里已论述适用于革类的各种染料，但是裘革的毛纤属角质（Keratin），而一般革类被染色的纤维属蛋白质（Protein），和适用于毛纤的染料略有不同。

裘革染色的历史演变的发展过程中，先后经历过使用了四种不同的染料或色料。

1. 取自于植物的植物染料（vegetable dyes）或称木染料（wood dyes）。
2. 矿物（mineral）或无机（inorganic）染料：染色是指有色金属化合物的沉淀，亦称颜料色淀（pigment lake）。
3. 氧化或纯裘毛染料：有机合成中间体。
4. 高温染料：取自染纺织各种纤维的染料，染色使用的温度高于3.氧化或纯裘毛染料的染色温度，这类染料的系列有酸性（Acid），碱性（Basic），瓮（Vat），预金属化（Pre-metallized）和分散性（disperse）染料。

一、植物染料（Vegetable Dyes）

丹宁鞣质和木染料最重要是由二大群组成：

1.棓子鞣质（gallotannins）

典型的代表物是棓子（亦称没食子All Nut）及由棓子分解后的产品，如丹宁酸（亦称鞣酸Tannic Acid），棓酸（亦称没食子酸或鞣酸Gallic Acid）和焦棓酚（亦称连苯三酚Pyrogallol）。使用亚铁当作媒染应理剂后，能染出的色调是蓝色。

漆树（Sumac）无论是使用粉状的树叶或萃取物（栲胶Extract）大约都含有25%的棓子鞣质（Gallotannins）。

2.儿茶鞣质（Catechol Tannis）

典型的代表物是黑儿茶（亦称槟榔膏Gambier）及黑儿茶的产品，如焦儿茶酚（亦称邻苯二酚Pyrocatechol），使用亚铁当作媒染应理剂后，能染出的色调是含绿光性的蓝色。

染料木（Dyewood）本身即含有纯色素体，其中最知名，也是最具商业化的纯染料色素就是苏木（Logwood），其它尚有黄色染料木的黄颜木（Fustic），红色或棕色染料木的红杉（Redwood），但是大多属巴西或利马豆的红木（Brazil or Lima Wood）以及黄色染料木的姜黄（Turmeric）。

苏木（Logwood），基本上，苏木是许多裘革染黑色的染料木，其作用的原理是经发酵作用（Fermentation）使苏木精（Haematoxylin）转变成大部分的葡萄甙（Glucoside），再经氧化作用（Oxidation）形成天然色素的氧化苏木精（Haematein）。氧化苏木精如以可溶性铝盐处理即可染出紫色调，铜盐是蓝色调，铁和铬盐则是黑色调。

最理想的苏木使用量是20公克／每公升水，如增加使用量，结果会削弱磨擦牢度，PH介于2.5和3.5之间。可交换的和棓子（Galls），鞣质（Tannin）和漆树（Sumac）化合（Combination）。

许多染黑色的工艺中都含有姜黄（Turmeric）藉以增加色调的强度。姜黄（Turmeric）含有纤维素（Cellulose）、树胶（Gum）、淀粉（Starch）、矿物质（Mineral Matter）、香精油（Volatile Oil），和棕色色素物（Coloring Matter）薑黄素Curcumin，和铝盐化合可制成浅棕色料。和铬与铁则可制成橄榄棕色料。

红杉（Redwood），还有巴西及利马豆的红木（Brazil or Lima Wood），主要的色素物是巴西勒因（Brasilein），化学结构类似苏木精（Haematoxylin），经氧化才能形成巴西勒因（Brasilein）。以铬媒染剂处理可形成当有红光的紫色，但是坚牢度差。

黄颜木（Fustic）的色素物是黄桑色素（Morin）。

黑栎树（Black Oak Tree）能制造出一种黄色染料的楝皮粉（Quercitron）。

以上所述及的木染料能和各种鞣质化合，藉以调整色光（Shading），但是现在除了苏木外，几乎可以说是已完全被氧化染料所取代。苏木虽然可以使用铁盐或鞣质等媒染剂调出遮盖性极佳的灰色及蓝色的色调，但难以捉摸，易变，故不常被使用，仅使用于染黑色的色调。

现在已有各种色彩的植物染料，但只适用于各种革类的染色，包括染裘革的皮纤维，染色的条件和酸性染料一样，坚牢度尚可。

二、矿物染料（亦称无机染料或无机颜料，Mineral Dyes）

虽然有一段期间大家尚采用无机的颜料染裘革，例如氧化铁（Iron Oxide）或氧化镁（Magncsium Oxide），但是如今只剩下含有可溶性铅的无机颜料，因为它能广泛地使用于不同裘革类的**雙色**（Two-tone）或**拔染**（Discharge）的效应，例使如羊羔（Lamb）或卷毛羊羔（Grey Krimmer）具有灰色与白色的效应，使野兔（Hares）和白兔（White Rabbits）皮具有银狐，或绒鼠（Chinchilla）的效果，或使白狐（Whit Fox），羔羊（Lamb）和白兔（White Rabbits）皮具有猞猁皮（Lynx）的效应以及长毛羔羊（Lamb-haired Lamb）和美国负鼠（Opossum）皮具有浣熊（Raccoon）皮的效应。色调的决定是以铅的硫化物（Sulphides）或多硫化物（Polysulphides）沉淀于裘毛上的量为主，但是也能使用硫酸铅（Lead Sulphate）的氧化剂（Oxidizing Agent）处理这些沉淀物，进行拔染脱色至白色。

如果毛纤使用强碱应理，致使充分的硫（Sulphur）或氢硫基群（Sulph-hydryl Proup）被释放，而和可溶性铅盐化合，形成拔染作用，结果裘毛被染为浅棕色调。为了能使用铅盐而有染成深色的效果，就必须添加含有硫基的**顯色劑**（Developers）。使用**顯色劑**有二种工序可用1.单浴法，及2.硫化氢的处理，采用另外一个处理浴的双浴法。

1.单浴法

将醋酸铅（Lead Acetate）或硝酸铅等可溶性铅盐和还原剂及裘革一起混合于同一执行槽，如此会使硫化的沉淀速率慢，而能在毛纤内产生铅的多硫化络合物，染色是依据PH、时间和浓度及反应物质的部份，结果染出的色彩可以获得黑色、深灰和浅灰色、棕色、黄褐色（丹宁色，Tan Colour）及米色（Beige），色调的决定部份来自硫化铅聚集的大小，其它部份则是化学的结构，及胶质的化性问题。

2.双浴法

使用媒染剂处理已经可溶性铅盐处理过的裘革，此时铅盐会因沉淀而被固定，尔后再使用硫化钠或硫化铵（Sodium or Ammonium Sulphide）或游离状的硫化氢（Free Hydrogen Sulphide）等当作**顯色劑**显色（Developing）。显色的速度很快，如果能控制浓度，PH则能染出很深的色调强度。使用这种方法染色时，则需要有适合的染缸或染槽盖及能胜任的排气设备，藉以避免硫化氢（H_2S）所排出恶臭及有毒的气体。

双色效应（Two-colour Effects）的染色，则是利用刷子或喷枪将**拔染液**（Discharge Solution），施于裘革的毛尖端或毛上方部分。一般是使用酸－过氧化氢（Acid-Hydrogen Peroxide）混合或盐酸（Hydrochloric Acid），因为盐酸能使硫化铅转换成白色不溶性的硫酸铅或氯化铅（Lead Chloride）。三色效应（Three Colour Effects），例如仿染成绒鼠（Chinchilla）或浣熊（Raccoon），已被拔色的部份，可能需要使用氧化染料，才能再次的被染色。

三、氧化染料（Oxidation Dyes）

到目前为止，使用于裘革的染料是几乎已完全代替原始天然染料的氧化染料。氧化染料是分子量较低，结构简单的有机芳香族的媒介体（Aromatic Intermediates），其特性是于低温（26℃～40℃裘革裸皮缩收温度的安全范围内）时易渗入毛纤内，但是本身不含任何色素体，需要有氧化的动作才能使毛纤由内至外显出色调，故称为氧化染料（Oxidation Dyes）。氧化染料的另一特性是遮盖性很佳，但是坚牢度不如纺织界使用的氧化染料。

化学方面，氧化染料是二胺（Diamines）和氨基酚（Amino Phenols）以及苯（Benzene）和萘（Naphthalene）的羟基（Hydroxyl）衍生物的共同合起来的产品。具有全部的色调，从浅米色到黑色，甚至包括灰色及青色（带蓝光的米色，Blues）都有。

氧化染料的染色工艺大约是1～10公克的染料／每公升水，添加和染料量均衡的氧化剂，大多使用过氧化氢，添加的方法可能和染料同时，可能约15～30分后添加，也有可能分次分批添加，最好是询问染料供应商，有关使用的比例量，及添加的方法，温度为26℃～40℃，时间约为1～8小时，但也可能需延至12小时，不过一般而言，超过8小时所衍生出的好处很少，不多。

氧化染料不像一般的染料能互相混合，进而形成另一色泽，而是和其它产品产生化学反应才能染出另一种色调，亦即色泽变化的程度是依据和不同媒染剂，或显色剂的反应情况及染色时不同PH的操作。

氧化后着色于毛纤上的稳定性不仅需依据染色的前处理，例如毁除（Killing）和媒染的处理（Mordanting），尚需有染色后的后处理。毛纤着色后的水洗是非常重要的工序。碱遗留在毛纤内可加速未来的氧化作用。毛纤内未被移除的铜或铁的氧化物其作用也能犹如催化剂似地加强于光和湿度下的氧化速度。

四、高温染料（High-Temperature Dyes）

裘革的裸皮即使是使用铬处理，其最高的收缩温度（Shrink Temperature）大约是88℃，实际上，最安全的收缩温度是83℃以下，因为裸皮的某些部份可能会在83℃，或以上就会收缩，裘革的收缩及裘毛的缩卷俗称焙燒（Burning），由于这个原因，高温染料除了需于80℃，或以下染色，而且也必需具有良好的遮盖性。

使用铬处理的裘革，染色使用选择性的酸性染料，选择适用的酸性染料并不很困难，配合葛勞伯鹽（Glauber salt，俗称芒硝）和酸，即可于白色的裘革染出鲜艳的色泽（Hue），但是如果是以酸性染料系列的三原色（红、黄、蓝）相配而染的天然灰，棕色系列和米黄色，则可能无法染出令人满意的鲜艳色泽，这是因为于温度较低的条件下，无法达到完全的耗尽（Exhaustion），也因为如此，致使染色的结果是染色不匀。

一般而言，70℃以下的染色，黄色染料较红色染料的耗尽率较佳，而蓝色染料的耗尽则很少。

鲜艳的色调，红色，黄色，蓝色和绿色常被使用于室内穿的拖鞋（Slipper），装饰品（Trimmings），毛皮地毯（Rugs）等白色的裘革，例如兔毛皮（Rabbit），羔羊皮（Lambs），绵羊皮（Sheep）及白孤毛皮（White Fox）。

五、瓮染料（还原染料 Vat Dyes）

瓮染料属还原性染料，为了避免未染色前即有部份的染料被水中所含的氧氧化，所以染色前需使用碱，如苛性钠（烧碱，Caustic Soda），但需用量少，否则会破坏毛纤，以及亚硫酸盐（还原物）处理水浴内所含的游离态的氧。瓮染料本身不溶于水，但是还原物易溶于碱液，一旦还原物被移向不溶于水的瓮染料内，立即使瓮染料染着于毛纤上。水洗牢度，磨擦牢度及日光牢度都比最佳的氧化染料佳，但是二氧化硫会影响它的牢度。染色时染浴的温度为55～60℃，时间约30分，经离心机脱水（Centrifuging）后，可用空气进化氧化，或用酸-过氧化物（Acid-Peroxide）的溶液处理。

瓮染料较不适用于锋毛（Strong Guard Hair），因为和毛纤的亲合性远低于羊毛或绒毛（Soft Underfur）。

六、酸性染料（Acid Dyes）

于染裘革的温度（60±5℃）使用酸性染料，染料不曾被耗尽（Exhausted），即使延长染色的时间，染浴仍有残余的染料。使用酸性染料也习惯上添加些助剂，藉以改善匀染及耗尽，例如硫酸、硫酸盐（一般使用芒硝，Glauber Salt），硫酸氢钠（Sodium Bisulfate）及蚁酸（甲酸，Formic Acid），不过这些助剂大都有助于裘革裸皮（Pelt）的亲合性，故有利于裘革裸皮对酸性染料的吸收。

于温度50～60℃使用金属络合染料，色泽很自然。金属络合染料有二类：

1. **1：1金属络合染料**：1份金属分子：1份染料分子。
2. **1：2金属络合染料**：1份金属分子：2份染料分子。

七、碱性染料（亦称盐基性染料，Basic Dyes）

基本上，碱性染料不适合于裘革的染色，因为它的日光牢度及磨擦牢度差，但是由于色泽鲜艳，故可能添加于氧化染料内，藉以改善色泽的鲜艳度。

八、分散性染料（Disperse Dyes）

分散性染料的颗粒分子非常细致，含有分散剂故称分散染料，使用于纺织界的聚酯纤维（Polyester Fiber），染色的温度为120℃以上，但使用于裘革的染色较容易操作，温度可以使用40℃，不过色调属淺色系列，对铁离子较敏感，另外日光坚牢度不如酸性染料及瓮染料。

结论

采用高温染料染裘革，会有一定的某种限制及达到染料本身色牢度的优势，例如其中之一的限制是裘革的裸皮需经铬鞣，或铬复鞣（复鞣），藉以预防高温染色时会造成裘革的收缩及裘毛的缩卷焙燒（Burning），但是经铬处理后的裘革则会增加裘革的重量。

一般采用高温染料染裘革的工艺都是使用乾裘革重的百分比（%），而使用氧化染料则是采用每公升的水使用多少公克的染料，即公克/公升（gm/L），基本上，染浴对乾皮重的比例约为20（水）：1（乾皮重）。

裘革的染色是一种复杂的工艺，因在染浴里含有二种被染物，即裘毛（角质素Keratin）及裸皮（Pelt），也就是胶原（Collagen），而且对染料的吸收性能也不相同，所以裘革的染色工程师对染料的选择，染浴的PH值及温度的控制，使用的助剂对染料分配于这二种被染物吸收比率的了解，另外所选择使用的染料对这二种被染物的染色速率都必须铭记在心。

顶染（Top dyeing）

頂染的术语是将染料使用于毛纤的上端（Upper Part）或顶端（Tips），藉此工艺以将已染色的裘革仿染成水貂（Mink），紫（黑）貂（Sable），豹猫（Ocelot）或豹（Leopard）等各种动物的裘革。使用染料的浓度约一般浸染（Immersion或Dipping）或划槽（Paddle）染色浓度的5～20倍，因大都是使用氧化染料，故顶染后需静置数小时以利执行**氧化作用**，虽然也可使用高温染料执行**頂染**，但是裘革的裸皮需经过铬鞣或铬复鞣（复鞣），而且使用高温染料顶染后需经70～75℃的温度处理，才能被固定。

顶染所使用的工具大约如下：

一、刷子（Brush）：不同软硬度的刷子，主要使用于裘毛上表面的底染（Grounding）。

二、翼羽毛笔（wing feathers Brush）：大多取自天鹅（Swan）、鹅（Goose）或火鸡（Turkey），主要使用于针毛（Guard Hair）最顶端，最细腻的着色工艺。

三、喷枪（Spray Gun）：主要使用于已染色裘革的**漂洗**（白）（Stripping）。

第 15 章

总结论
Summary

如何才能维持对客户的色版，经客户认可后，每天要染经认可后的色调，即使尔后客户追加同样的色调，也能经易地再染出同色调，而不须一而再地重新配色？答案是染色前必须考虑到下列所例举的影响因素：

一、必须考虑蓝湿皮使用蒙囿剂的条件及色泽是否一样，铬的分散状况是否类似。

二、水：水的软硬度，稀释染料所用水的比例及温度，染色时用水的比例等条件是否一样？

三、染色鼓的鼓形，转速，负载（依比例增减）及染色转动时间（依负载比例增减，适用于表染）。

四、相同的复鞣剂及使用量（依负载比例增减）。

五、染料必须使用同样的染料，无论是抗酸牢度，溶解度，染料本身的浓度，及所含的电解质都必须和之前所使用的染料一样。

六、相同的PH值（染浴，表染时的革面）。

七、染浴的温度。

八、染色后水洗的条件。

九、染色，水洗，出鼓后至干燥前所搭马搁置的条件，高度，温度、湿度及时间是否一样?

十、干燥的方法、温度、湿度及时间的条件。

参考文献

Seminar at The New England Tanners Club by John W. Mitchell

Seminar at Delaware Valley Tanners Club by Helmut Fritz & F.Schade

Furskin Processing　Harry Haplan

Technology of “Double Face” R.Palop

Sandoz（Swissland） Internal technical information

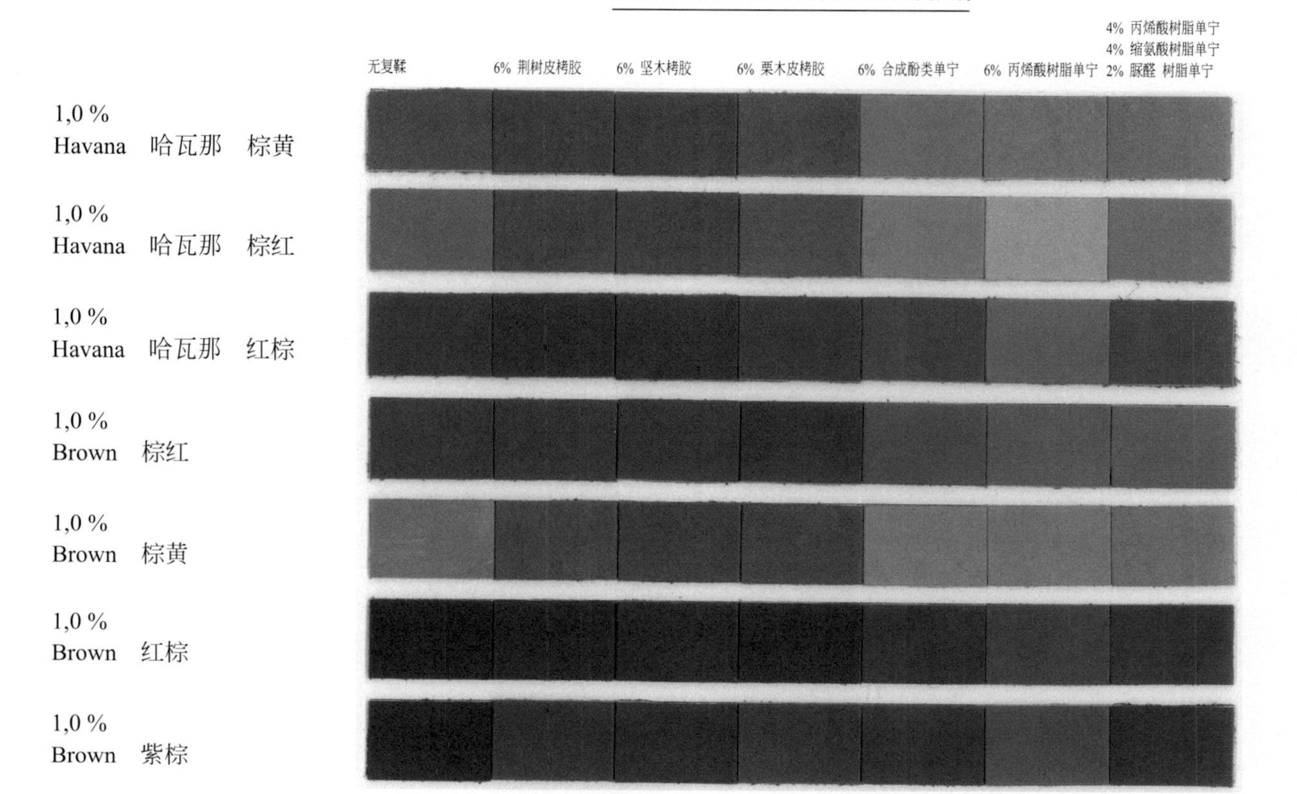

图1 复鞣剂对染料的色调及色光的影响

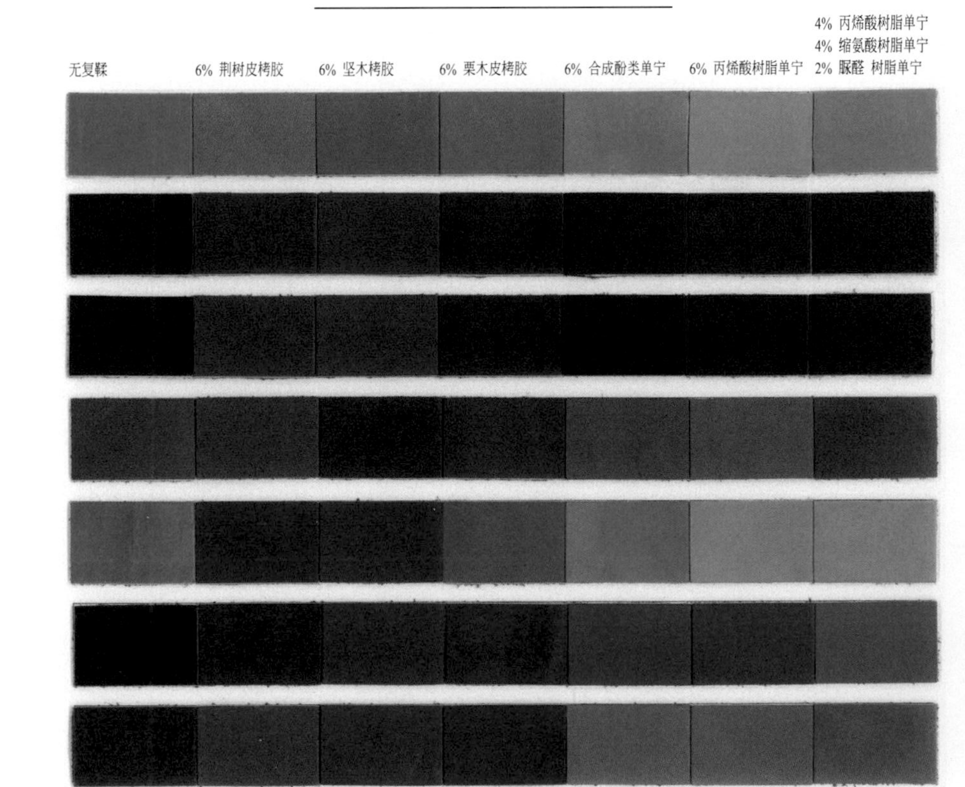

图2 复鞣剂对染料的色调及色光的影响

三种染料依三角形的方式进行相混配色的方法
（Trichromatic Combination）

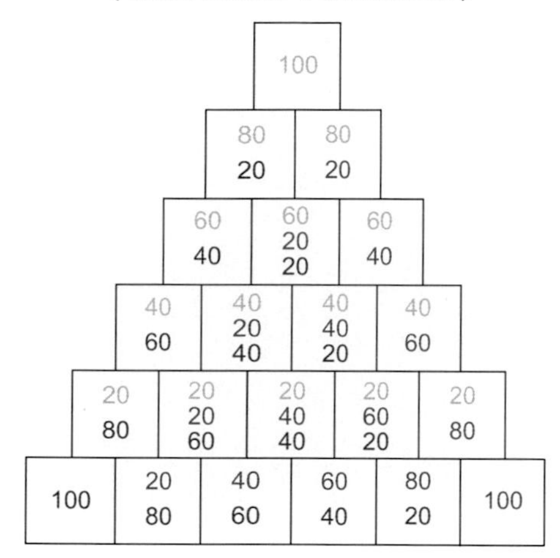

图4

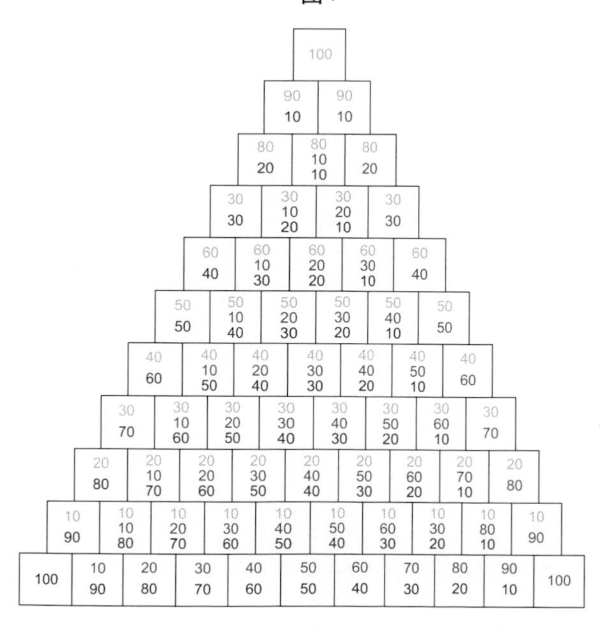

图7

三种染料依三角形的方式进行相混配色的方法

（Trichromatic Combination）

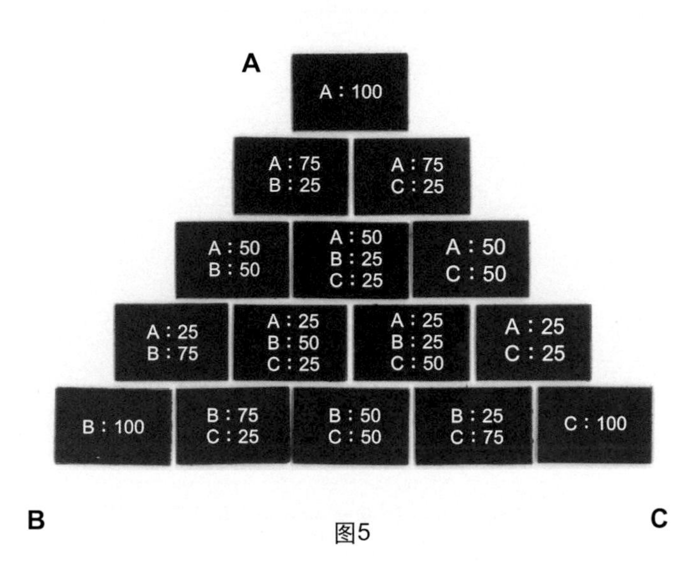

图5

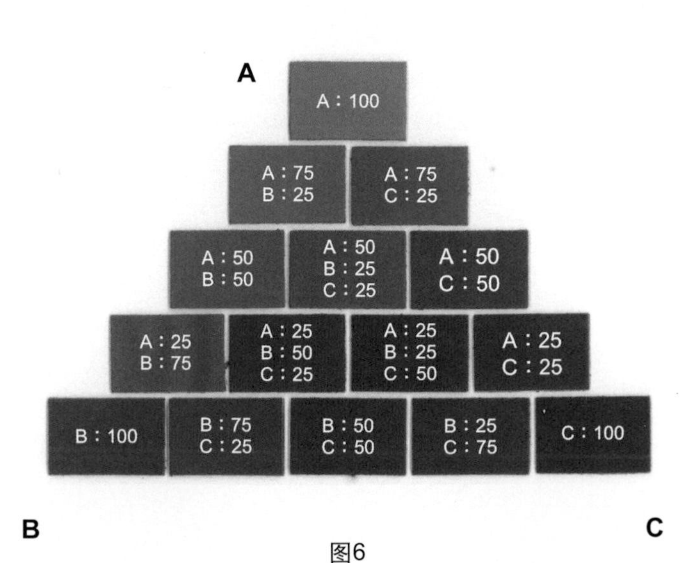

图6

科普新知类　PB0012

皮革染色学

作　　者 / 林河洲
责任编辑 / 蔡晓雯
图文排版 / 赖英珍
封面设计 / 萧玉苹

发 行 人 / 宋政坤
法律顾问 / 毛国梁　律师
印制出版 / 秀威资讯科技股份有限公司
114台北市内湖区瑞光路76巷65号1楼
电话：+886-2-2657-9211　传真：+886-2-2657-9106
http://www.showwe.com.tw
划拨帐号 / 19563868　户名：秀威资讯科技股份有限公司
读者服务信箱：service@showwe.com.tw
展售门市 / 国家书店（松江门市）
104台北市中山区松江路209号1楼
电话：+886-2-2518-0207　传真：+886-2-2518-0778
网路订购 / 秀威网路书店：http://www.bodbooks.tw
国家网路书店：http://www.govbooks.com.tw
图书经销 / 红蚂蚁图书有限公司
114台北市内湖区旧宗路二段121巷28、32号4楼
电话：+886-2-2795-3656　传真：+886-2-2795-4100

2010年9月BOD一版
定价：160元

国家图书馆出版品预行编目

皮革染色学 / 林河洲着. -- 一版. -- 台北市 :
秀威资讯科技, 2010.09
面； 公分. --（科普新知类；PB0012）
简体字版
ISBN 978-986-221-568-5（平装）

1.皮革工业 2.染色

475.2 99015381

讀者回函卡

感謝您購買本書，為提升服務品質，請填妥以下資料，將讀者回函卡直接寄回或傳真本公司，收到您的寶貴意見後，我們會收藏記錄及檢討，謝謝！如您需要了解本公司最新出版書目、購書優惠或企劃活動，歡迎您上網查詢或下載相關資料：http:// www.showwe.com.tw

您購買的書名：________________________________

出生日期：________年________月________日

學歷：□高中（含）以下　□大專　□研究所（含）以上

職業：□製造業　□金融業　□資訊業　□軍警　□傳播業　□自由業

□服務業　□公務員　□教職　□學生　□家管　□其它_____

購書地點：□網路書店　□實體書店　□書展　□郵購　□贈閱　□其他

您從何得知本書的消息？

□網路書店　□實體書店　□網路搜尋　□電子報　□書訊　□雜誌

□傳播媒體　□親友推薦　□網站推薦　□部落格　□其他__________

您對本書的評價：（請填代號　1.非常滿意　2.滿意　3.尚可　4.再改進）

封面設計____　版面編排____　內容____　文／譯筆____　價格____

讀完書後您覺得：

□很有收穫　□有收穫　□收穫不多　□沒收穫

對我們的建議：________________________________

____

____

____

請貼
郵票

11466
台北市內湖區瑞光路 76 巷 65 號 1 樓
秀威資訊科技股份有限公司 收
BOD 數位出版事業部

....

（請沿線對折寄回，謝謝！）

姓　名：＿＿＿＿＿＿＿＿＿＿ 年齡：＿＿＿＿ 性別：□女 □男

郵遞區號：□□□□□

地　址：＿＿＿＿＿＿＿＿＿＿＿＿＿＿＿＿＿＿＿＿＿＿＿＿＿＿＿＿

聯絡電話：(日) ＿＿＿＿＿＿＿＿＿＿＿＿ (夜) ＿＿＿＿＿＿＿＿＿＿＿＿

E-mail：＿＿＿＿＿＿＿＿＿＿＿＿＿＿＿＿＿＿＿＿＿＿＿＿＿＿＿＿